基礎からわかる
数学

1

はじめての
微分積分

小林道正［著］

朝倉書店

まえがき

　微分積分というのは数学の一分野であるが，諸科学と深く結びついているという特徴がある．諸科学というのは，物理学，化学，等の自然科学だけに限ったものではない．経済学，社会学，心理学といった人文社会科学とももちろん密接な関係を持っている．

　「微分」の概念は，2つの量の間の変化の率（割合）を考えることである．簡単に言ってしまえば，小学校の「割り算」の発展したものである．「積分」の概念は，逆に，「かけ算」の発展した概念であり，変化の率から変化量を求めることである．微分積分というと難しく聞こえるかもしれないが，割り算やかけ算の親戚だと思えばどんな分野の皆さんにも身近に感じるのではないだろうか？

　本書は，高校まで「数学が得意でなかった人」にもわかるように，丁寧に説明することを心がけた．とくに冒頭では，「諸科学における「量」とは何か？」という分析から導入するようにしている．これは，微分積分の計算自体はそれほど難しくないものの，その意味を理解していなければ諸科学にどうやって適用すればよいのかわからないことになってしまうので，基本概念の説明に力を入れたかったためである．

　本書は2部に分かれている．第Ⅰ部は，「1変数の微分」であり，「ある変量が他の1つの変量から定まる場合」の分析である．高等学校のカリキュラムでは，数学ⅡとⅢに該当する．しかし，高等学校の教科書とは異なり，根本概念がわかるように角度を変えて詳しく説明してある．「微分ってこういうことだったのか」と，深い理解ができるだろう．

　第Ⅱ部は，「多変数関数の微分積分」を扱っている．現実の世界では，1つの変量は他のいくつかの変量から定められている．2つ以上の変量が変化した場合の変化の仕方を分析する．微分積分は，大学で学んだ後，社会でもいろいろなところで役に立つだろう．

　本書は文科系の大学生でも理解できるように説明したつもりである．また，理工系の学生諸君にはややさしすぎるのかもしれないが，高校の復習から始めたい人には適している．理工学部の学生でも授業が難しく感じる時には，本書か始めるのがよい．

　本書のタイトルにもあるよう，一人でも多くの学生諸君が，「はじめて」学ぶ微積分としておおいに活用していただけることを期待している．

　2012年1月

小　林　道　正

目 次

第 I 部　1 変数の微分

第 1 章　量と数と演算の基本概念　　1
1.1　数学とはどのような科学か 1
1.2　量 の 分 類 2
1.3　自然数の基礎概念 4
1.4　連続量の数値化・単位の導入 5

第 2 章　微分の基本概念　　6
2.1　一様変化の変化率 6
2.2　平均速度から瞬間速度へ 7
2.3　導 関 数 8

第 3 章　整関数の導関数と諸科学　　12
3.1　x^n の導関数 12
3.2　2 つの関数の和の導関数 13
3.3　導関数と諸科学 14

第 4 章　積・商・合成関数の導関数　　16
4.1　2 つの関数の積の導関数 16
4.2　逆数関数の導関数 17
4.3　2 つの関数の商の導関数 17
4.4　合成関数の導関数 18

第 5 章　関数の増減と極大・極小　　20
5.1　関数の増減 20
5.2　関数の極大・極小 20
5.3　関数の最大・最小 21

第 6 章　曲線の接線と凹凸　　24
6.1　導関数と曲線の接線 24
6.2　接 線 の 式 25

   6.3 曲線の凹凸と 2 階の導関数 26

第 7 章　指数関数とその導関数　28
   7.1 指 数 関 数 28
   7.2 自然対数の底 e 28
   7.3 e^x の導関数 30

第 8 章　対数関数とその導関数　34
   8.1 対 数 関 数 34
   8.2 対数関数のグラフ 35
   8.3 対数関数の導関数 36
   8.4 対数微分法 37

第 9 章　三角関数とその導関数　40
   9.1 三 角 関 数 40
   9.2 三角関数の性質とグラフ 42
   9.3 三角関数の導関数 44
   9.4 いろいろな三角関数 47
   9.5 逆三角関数とその導関数 49
   9.6 三角関数と指数関数の関係 50

第 II 部　多変数の微分積分

第 10 章　偏微分と偏導関数　52
   10.1 多変数関数 52
   10.2 偏 導 関 数 54
   10.3 2 回以上の偏微分 55

第 11 章　全微分と接平面　58
   11.1 平 面 の 式 58
   11.2 接 平 面 58
   11.3 全 微 分 59

第 12 章　多変数の合成関数の微分　62
   12.1 2 変数と 1 変数の合成 62
   12.2 2 変数と 2 変数の合成 63
   12.3 1 変数と 2 変数の合成 64

第 13 章　陰関数の微分　　66
13.1　陰 関 数 　　66
13.2　陰関数の導関数 (2) 　　67

第 14 章　定積分　　69
14.1　変化率から変化量を求める 　　69
14.2　定 積 分 　　70

第 15 章　不定積分　　74
15.1　定積分による原始関数 　　74
15.2　原始関数と不定積分 　　75
15.3　定積分と不定積分 　　77

第 16 章　置換積分と部分積分　　80
16.1　合成関数の積分 (置換積分) 　　80
16.2　積の積分 (部分積分) 　　83

第 17 章　2 変数関数の積分 (重積分)　　86
17.1　曲面で囲まれた立体の体積 　　86
17.2　積分の繰り返しによる重積分 　　87

第 18 章　整級数　　91
18.1　等比級数の収束・発散 　　91
18.2　整級数の収束・発散 　　92

第 19 章　テイラー展開　　95
19.1　関数の近似 　　95
19.2　三角関数の近似 　　96
19.3　他の関数のテイラー展開 　　99
19.4　多変数関数の近似 　　99

第 20 章　変数が独立なときの極大, 極小　　103
20.1　極値の候補を求める 　　103
20.2　極大極小の判定 　　104

第 21 章　条件付き極値問題　　108
21.1　1 変数で表せるとき 　　108
21.2　ラグランジュの乗数法 　　109

第22章 微分方程式 (変数分離形) — 112
- 22.1 微分方程式の考え ... 112
- 22.2 変数分離形 ... 114

第23章 完全微分方程式 — 118
- 23.1 微分方程式を得る ... 118
- 23.2 完全微分方程式の解 ... 118

第24章 線形微分方程式 — 123
- 24.1 1階の線形微分方程式 ... 123
- 24.2 2階定数係数の線形微分方程式 ... 124

参考文献 ... 129

索引 ... 131

第I部　1変数の微分

第1章　量と数と演算の基本概念

1.1　数学とはどのような科学か

諸科学の対象

　我々の世界は自然の中に存在していて，自然界に生きている．また，人間は他の人との関係において，社会の中に生きていて，人間界に生きている社会的な存在でもある．

　いろいろな科学は，このような自然界と人間界の中の仕組みを調べるものであり，対象の違いによって次のように分類される．

$$\left\{\begin{array}{ll} 人文科学 & 文学，哲学，倫理学，歴史学，心理学，教育学，\cdots \\ 社会科学 & 法学，政治学，経済学，社会学，人類学，\cdots \\ 自然科学 & 天文学，物理学，化学，生物学，地球科学，生命科学，\cdots \end{array}\right. \quad (1.1)$$

　この中で，哲学以外が，何を対象として研究する科学かを考えてみよう．一番わかりやすいのは自然科学であろう．

$$\left\{\begin{array}{ll} 天文学の対象 & 太陽，惑星，恒星，銀河，超新星，星雲，\cdots \\ 物理学の対象 & 力，エネルギー，電気，電子，磁気，光，紫外線，赤外線， \\ & エックス線，放射能，原子核，原子，分子，素粒子，クウォーク，\cdots \\ 化学の対象 & 分子，高分子，燃焼，化学反応，アミノ酸，酸性，アルカリ性， \\ & などで，物理学のうちの一定の範囲の大きさの部分が対象である． \end{array}\right.$$
$$(1.2)$$

　これらの自然科学の対象に対し，社会科学・人文科学の対象は，目に見えないものもあり，多少とらえどころがないように見えるものもある．

$$\left\{\begin{array}{ll} 政治学の対象 & 国家，憲法，国会，法律，民主主義，選挙，地方自治体，\cdots \\ 経済学の対象 & 国家予算，経済政策，国債，金融，証券，銀行，人口，年金， \\ & 消費者物価，国民総生産，貿易，\cdots \\ 歴史学 & 封建制度，明治維新，侵略戦争，中国革命，講和条約，\cdots \\ 心理学 & 人格，性格，条件反射，知能，統合失調症，家族，発達，幼児，学習，\cdots \end{array}\right.$$
$$(1.3)$$

数学の対象

　このように，数学以外の科学はそれぞれの扱う対象がはっきりしている．それでは数学は，自然界や人間社会のどのような物を対象としているのであろうか？　数学がいろいろな分野で活用されていることを考えると，すべてが対象のようでもある．数学と同じように，はっきり

とした対象を限定できないのが，哲学である．哲学は自然界と人間界のあらゆることを対象としている．

それでは，数学は哲学とどのように区別できるのであろうか？

数学の対象は「量」

実は，数学は，自然界と人間界の中に存在する，あらゆる「量」を対象としているのである．ここで，「量」と考えられるものの具体例をあげてみよう．

「ある人の体重」,「音速」,「光が伝わる速度」,「経済成長率」,「東京都の人口」,「大阪府の人口密度」,「参議院議員の定数」,「出生率」,「分子量」,…

「量とは何か」をはっきりさせるためには，「量とはいえないもの」の例をあげてみればよい．「婚姻制度」,「生命」,「健康」,「国会」,「日本銀行」,「環境問題」,「選挙制度」,「金融論」,…

この2つのグループを比較してみると，「量」と考えられるものに共通なのは，「大きい・小さい，強い・弱い，…」等の，いわば，「大きさの側面」を持っていることがわかる．もちろん，「体重とは何か」,「出生率とは何か」という，個別の諸科学でのきちんとした概念規定は存在していて，全く異なるものである．まとめると，量は次のような2つの要素から成り立っているといえよう．

$$個々の量 = \begin{cases} 個別の量の概念規定 \\ 大きさの側面 \end{cases} \tag{1.4}$$

自然界での具体的な例をあげると次のようになる．

$$佐藤さんの体重 = \begin{cases} 体重というのは地球との引力で，kgを単位とする \\ 50 \end{cases} \tag{1.5}$$

経済学での例をあげると，国内総生産 (GDP) の概念がはっきりしているという前提で，

$$実質経済成長率 (\%) = \begin{cases} (今年の実質\,GDP - 去年の実質\,GDP) \div 去年の実質\,GDP \times 100 \\ 13 \end{cases} \tag{1.6}$$

これらの例でわかるように，「量の大きさの側面」を表すには，「数」が使われる．「数」は，あらゆる量に付随して，量の大きさを表現する役割を担っている．

数学は，このような「数」についての科学であるが，量の概念と密接に結びついて発展してきたし，これからも，量の科学として発展するのである．かつて，エンゲルスが，「自然の弁証法」の中で，「数学は量の科学である」と言ったのは，その意味では的を得た表現である．もちろん，数学が扱うのは数だけではなく，図形とか，論理とか，確率とかも扱うが，最大のよりどころが量にあることには変わりがない．

それでは，「量」にはどのような種類があり，数や演算とはどのように関係しているかをみよう．

1.2 量の分類

自然界と人間界に存在する多様な量をいくつかの観点で分類して整理してみよう．

1.2 量の分類

はじめは，離散量 (分離量) と連続量への分類である．

$$量 = \begin{cases} 離散量(分離量) \\ 連続量 \end{cases} \tag{1.7}$$

この2つの量の違いは，それぞれの例をあげてみれば理解がしやすい．

離散量 (分離量) の例

人口，本の冊数，家の軒数，犬の数，中小企業の数，国家公務員の数，ある大学の学生数，…

連続量の例

長さ，重さ，面積，体積，速度，利子の利率，時間，…

離散量と連続量の性質

離散量と連続量の性質をいくつかまとめると次のようになる．

$$量 = \begin{cases} 離散量(分離量) = \begin{cases} それ以上分割できない最小の量がある \\ 一つ一つが分離していてつながっていない \end{cases} \\ 連続量 = \begin{cases} いくらでも分割ができる \\ 最小の量がない \\ つながっていて，区切りがない \end{cases} \end{cases} \tag{1.8}$$

離散量・連続量と数の種類

離散量・連続量の違いは，それを表す数としては，次のような対応がある．

$$離散量(分離量) \iff 自然数，整数 \tag{1.9}$$

$$連続量 \iff 少数，分数 \tag{1.10}$$

量の分類にはもう一つ大事な分類がある．外延量と内包量への分類である．

$$量 = \begin{cases} 外延量 \\ 内包量 \end{cases} \tag{1.11}$$

この分類も具体例をあげればわかりやすい．

外延量の例

長さ，重さ，時間，面積，体積，人口，世帯数，失業者数，…

内包量の例

速さ，密度，濃度，人口密度，経済成長率，預金に対する利息の利率，…

外延量と内包量の性質をいくつかまとめると次のようになる.

$$
量 = \begin{cases} 外延量 = \begin{cases} 空間的にあるいは時間的に広がりを持っている \\ 2つのものを物理的に合体したとき,量の大きさは和に対応する \end{cases} \\ 内包量 = \begin{cases} 空間の1点,時間の1時点において考えられる \\ 強さ等の性質を表す \\ 2つのものを合体したとき,量の大きさは和に対応しない \\ 2つの外延量の関係として定まることが多い \end{cases} \end{cases}
\tag{1.12}
$$

外延量・内包量の違いは,四則演算と次のような対応がある.

$$外延量 \iff 足し算,引き算 \tag{1.13}$$

$$5\,\mathrm{g} + 3\,\mathrm{g} = 8\,\mathrm{g} \tag{1.14}$$

$$8\,\mathrm{g} - 3\,\mathrm{g} = 5\,\mathrm{g} \tag{1.15}$$

$$内包量 \iff かけざん,割り算 \tag{1.16}$$

$$3\,\mathrm{m/秒} = \frac{15\,\mathrm{m}}{5\,秒} \tag{1.17}$$

$$3\,\mathrm{m/秒} \times 5\,秒 = 15\,\mathrm{m} \tag{1.18}$$

次に,離散量と自然数の関係を調べ,自然数とは何かをもう少し深く学んでおこう.

1.3 自然数の基礎概念

「数の3を見せてほしい」と子どもにせがまれたらどうしたらよいだろう? 3個のりんごを見せても満足しないかもしれない.「りんごの3個ではなく,3という数そのものが見たいんだけど」と言われるかもしれない.そんな時には,次のような絵を見せるしかないだろう.

$$
3 = \begin{cases} \clubsuit\clubsuit\clubsuit \\ \square\square\square \\ \bigstar\bigstar\bigstar \\ \bigcirc\bigcirc\bigcirc \\ \vdots \end{cases}
\tag{1.19}
$$

できれば,♣の代わりにかわいい犬の絵,□の代わりに優しそうな老人の顔,★の代わりにきれいな花,などを描いてほしいが.

数の「3」は,これらの量に共通に存在する,「大きさの側面」を一般的に表したもので,「3そのもの」は目の前に取り出すことはできない「抽象概念」なのである.小学校一年生の子どもは,そのような難しい思考を自然にやってのけているのである.詳しく説明することはできなくても,人間の能力はすばらしいものがあることがわかる.

数そのものを扱うのが数学なので,どうしても数学は抽象的な科学となってしまうのである.しかし,そのために,あらゆる分野で活用できることにもなるという積極面があることがわか

ろう.

1.4 連続量の数値化・単位の導入

連続量には最小の単位がはじめから備わっていないので，人為的に単位を作ってかなければ，自然数との対応ができず，数で表せない．しかし，単位は社会的に認められなければ，お互いの意思疎通が不可能である．

単位が導入されるにいたる人類の歴史的変遷と，子どもが単位を認識していく過程が符合しているのであるが，一般的には次のような，「単位導入の4段階」が合理的である．

- **直接比較** 2つの量を近くにおいて直接比較する
- **間接比較** A と B が比較できて，$A < B$，B と C が比較できて，$B < C$ であれば，離れている A と C について，$A < C$ がわかる．
- **個別単位** 個人，地域，1つの国の中で，ある量を単位量として定め，それがいくつ分あるかによって，自然数と対応させて数値化して比較できる．
- **普遍単位** 世界共通の単位を定め，自然数と対応させて数値化し，比較ができる．

第1章 演習問題

(1) 自然科学の科学を3つ以上あげ，それぞれの科学の対象を3つ以上あげよ．
(2) 人文科学に属する科学を3つ以上あげ，それぞれの科学の対象を3つ以上あげよ．
(3) 社会科学に属する科学を3つ以上あげ，それぞれの科学の対象を3つ以上あげよ．
(4) 量と数の関係を説明せよ．
(5) 連続量とはどのような量か，説明し，連続量の例を3つ以上あげよ．
(6) 分離量とはどのような量か説明し，分離量の例を3つ以上あげよ．
(7) 外延量とはどのような量か説明し，外延量の例を3つ以上あげよ．
(8) 内包量とはどのような量か説明し，内包量の例を3つ以上あげよ．
(9) 分離量の大きさを表すにはどのような数が使われるか．
(10) 連続量の大きさを表すにはどのような数が使われるか．
(11) 外延量は，和・差・積・商のどの演算と関係しているか．
(12) 内包量は，和・差・積・商のどの演算と関係しているか．
(13) 連続量の単位導入に関する，4段階について説明せよ．

第2章 微分の基本概念

2.1 一様変化の変化率

微積分では，いろいろな量の間の変化の仕方を調べる．電車が時速 70 km/h で走っているとき，走る時間 x h と，距離 y km の間には次の関係が成り立っている．

$$y_{(\text{km})} = 70_{(\text{km/h})} \times x_{(\text{h})} \tag{2.1}$$

ここで，70 km/h という速さを表す量は，「1時間当たりに走る距離」を表しているが，電車が実際に何時間走るかとは関係がない．もし，今の状態が1時間続けば 70 km 走ることを意味している．

速さ，すなわち速度とは，速い遅いを量的に表したものであるが，概念的には「今目の前を通過する電車の速さ」であり，瞬間的なある時刻に存在する量である．速さを量的に表現する手段として「時間」と「距離」を利用しているとも考えられる．

このような量の間の関係は，商品の「数量」，「単価」，「金額」においても成り立つ．たとえば，1 m につき，70 円の特殊な針金を x m 購入するときの金額を y 円とすると，次の関係が成り立つ．

$$y_{(\text{円})} = 70_{(\text{円/m})} \times x_{(\text{m})} \tag{2.2}$$

この2つの関数は，数学的には同じ関数，$y = f(x) = 70x$ で表せる．この関数は 70 を比例定数とする「正比例関数」である．実は，正比例関数から比例定数を求める計算が「微分」であり，比例定数が「微分係数」となる．

電車と商品の例では，速度と単価を求める計算は次のような商を求める計算による．

$$速度 = \frac{距離}{時間}, \quad 単価 = \frac{金額}{数量} \tag{2.3}$$

量の割り算は，1つの量 A の，もう1つの量 B の単位量当たりに対する量を求める演算である．このような量は，第1回で学んだ 内包量 である．これに対して，距離，時間，金額，数量などは 外延量 である．

上に上げた例は，速度や単価などが一定の場合である．x が増えるに従って y が変化するが，その変化の仕方が x の値に無関係に，一定の場合である．

x の増えた分を，Δx と表し，y の増えた分を，Δy と表すと，次のようになる．

$$\frac{\Delta y}{\Delta x} = 70, \quad \Delta y = 70 \times \Delta x \tag{2.4}$$

$\dfrac{\Delta y}{\Delta x}$ は，x の単位量当たりの変化に対する，y の単位量当たりの変化を表し，y の，x の変化に対する 変化率 という．

この関係は，x の変化の仕方に対する，y の変化の仕方が，常に一定であることを意味している．このような変化の仕方を 一様変化 という．小学校以来の割り算は，もっぱらこのよう

な一様変化のみが対象であった．ところが世の中の量の変化は，必ずしも一様変化ばかりではない．「微積分」は，一様変化でない量の変化に対する変化の仕方を調べるためのものである．

2.2 平均速度から瞬間速度へ

高さ 60 m の高いビルの屋上から上から，ビー玉を落とす (十分安全を確認してから) と，約 4 秒後に地面に到達する．4 秒間に 60 m 落ちたことになる．

この場合のビー玉の落ちる速さは，上の 2 つの例と同じように計算すると次のようになる．

$$\frac{60_{(m)}}{4_{(s)}} = 15_{(m/s)} \tag{2.5}$$

しかし，この計算による速さは，手を離してから地面につくまでの時間と距離だけしか考えていない．途中次第に早くなっていくことはまったく考慮されていない．15 m/s という速さは，一様な速度だと考えたときの速さであり，「平均速度」という概念に他ならない．平均速度というのは，速度が一様であると仮定したときの速度ということになる．

ここでは，何階かの窓から見ていて，屋上から手を離してから 3 秒後の速度を求めることを考えてみよう．もっとも，何もデータがないのでは計算しようがないので，何秒間に何メートル落ちたかを詳細に分析した結果，x 秒間に落ちる距離が，次のような関係で表されることがわかったとする．

$$y = f(x) = 5x^2 \tag{2.6}$$

精密に測定すると，$y = f(x) = 4.9x^2$ であるが，ここでは計算を簡単にするために上のように求められたとしておく．この関数を前提にして，建物の何階かの窓を見ていると，今，ビー玉が通過して行った．屋上から手を離してから，3 秒後のことである．つまり，3 秒後の速度を求めたいのである．いわば，3 秒後の「瞬間的な速度」を求めるのである．

いきなり瞬間速度を直接求めようとしても無理なので，近似的に，3 秒から 0.1 秒間は速度が一定としてみよう．あるいは「平均速度」(一般には「平均変化率」) を求めると考えてもよい．速度 = $\frac{距離}{時間}$ であるから次のように計算できる．x 秒間に落ちる距離が，$f(x) = 5x^2$ m であるから，3.1 間では，$f(3.1) = 5 \times 3.1^2$ m 落ちる．3 秒間では，$f(3) = 5 \times 3^2$ m 落ちる．したがって，3 秒後から 3.1 秒後までに落ちた距離は，$f(3 + 0.1) - f(3)$ m である．これらを使うと，次のように平均速度が求められる．

$$「3\text{秒から}3.1\text{秒までの平均速度」} = \frac{f(3+0.1) - f(3)}{0.1} = \frac{5 \times 3.1^2 - 5 \times 3^2}{0.1} = 30.5 \tag{2.7}$$

0.1 秒間の変化を一様変化とみなせば，速度は，1 秒間当たり 30.5 m，すなわち，30.5 m/s となる．

0.1 秒間の近似では満足できないときは，0.01 秒間の平均速度をとればよい．次のように計算できる．

$$「3\text{秒から}3.01\text{秒までの平均速度」} = \frac{f(3+0.01) - f(3)}{0.01} = \frac{5 \times 3.01^2 - 5 \times 3^2}{0.01} = 30.05 \tag{2.8}$$

2. 微分の基本概念

平均速度をとる時間をどんどん短くしていくには，平均速度をとる時間を，文字 h を使って次のように表し，h にいろいろな数値を入れて小さくしていくと便利である．

$$\text{「3秒から}3+h\text{秒までの平均速度」} = \frac{f(3+h)-f(3)}{h} = \frac{5\times(3+h)^2 - 5\times 3^2}{h} = 30+5h \tag{2.9}$$

$h = 0.00000000001$ とすると，平均速度は，30.00000000001 となる．平均速度は次第に 30 に近くなっていく．このようなときに，平均速度をとる時間 h を 0 に近づけていったとき，平均速度の **極限値** は 3 であるという．この値を，「3秒後の **瞬間速度**」と考えていいだろう．記号を使って次のように表す．

$$3\text{秒後の瞬間速度} = \lim_{h\to 0}\frac{f(3+h)-f(3)}{h} = 30 \tag{2.10}$$

ところで，$f(x) = 5x^2$ のとき $\dfrac{f(3+h)-f(3)}{h}$ は次のように計算でき，h の式で表せる．

$$\frac{f(3+h)-f(3)}{h} = 5\times\frac{(3+h)^2 - 5\times 3^2}{h} = \frac{30h+5h^2}{h} = 30+5h \tag{2.11}$$

h をどんどん小さくしていくと，平均速度はいくらでも 30 に近くなっていく．いっそのこと $h=0$ としてしまえばよさそうであるが，約分するときは h は 0 ではないので悩むところである．「極限」を扱うときにはいつも付きまとってくることで，数学の歴史の中でも長い間論争になってきた経過がある．「資本論」を書いたマルクスも，「数学手稿」の中で論じている．

[例題 1]

数直線上を運動している点がある．x 秒後の座標が $y = f(x) = 4x^2 - 5x + 2$ で表せるとき，2 秒後の瞬間速度を求めよ．

[解] $x = 2$ から $x = 2+h$ までの平均速度 $\dfrac{f(2+h)-f(2)}{h}$ を求めて，$h\to 0$ とした極限値を求める．

$$\begin{aligned}
\lim_{h\to 0}\frac{f(2+h)-f(2)}{h} &= \lim_{h\to 0}\frac{\{4(2+h)^2 - 5(2+h) + 2\} - \{4\times 2^2 - 5\times 2 + 2\}}{h} \\
&= \lim_{h\to 0}\frac{11h + 4h^2}{h} \\
&= \lim_{h\to 0}(11 + 4h) = 11
\end{aligned} \tag{2.12}$$

2.3 導関数

[例題 2]

数直線上を運動している点がある．x 秒後の座標が $y = f(x) = 4x^2 - 5x + 2$ で表せるとき，5 秒後の瞬間速度を求めよ．

[解] $x = 5$ から $x = 5+h$ までの平均速度 $\dfrac{f(5+h)-f(5)}{h}$ を求めて，$h\to 0$ とした極限値を求める．

2.3 導関数

$$\lim_{h \to 0} \frac{f(5+h) - f(5)}{h} = \lim_{h \to 0} \frac{\{4(5+h)^2 - 5(5+h) + 2\} - \{4 \times 5^2 - 5 \times 5 + 2\}}{h}$$
$$= \lim_{h \to 0} \frac{39h + 4h^2}{h}$$
$$= \lim_{h \to 0} (39 + 4h) = 39 \tag{2.13}$$

例題1と例題2をみると，同じような計算を2度行っており，無駄な印象を持つ人が多いだろう．一度に済ませるにはどうしたらよいだろうか？ここで威力を発揮するのが，どんな数でも表せる，文字である．すなわち，x 秒後の瞬間速度を求めておけば，後で，x に好きな数値を当てはめればいいことになる．

x 秒間に落ちる距離が，$y = f(x) = 5x^2$ m である落体の運動について，x 秒後の瞬間速度を求めてみよう．

$$\lim_{h \to 0} \frac{f(x+h) - f(x)}{h} = \lim_{h \to 0} \frac{5(x+h)^2 - 5x^2}{h}$$
$$= \lim_{h \to 0} \frac{10xh + 5h^2}{h}$$
$$= \lim_{h \to 0} (10x + 5h)$$
$$= 10x \tag{2.14}$$

$10x$ は，x 秒後の速度であり，単位は，m/s である．これは，x 秒間に落ちる距離を表す関数，$y = f(x) = 5x^2$ から導かれた新しい関数である．

この新しい関数を，元の関数 $y = f(x)$ に対して，**導関数** という．記号で，$y' = f'(x)$ と書き表す．

$$y = f(x) = 5x^2 \Longrightarrow y' = f'(x) = 10x \tag{2.15}$$

x 秒後の速度が，$f'(x) = 10x$ とわかったのであるから，6秒後の速度は，$x = 6$ を代入して，$f'(6) = 10 \times 6 = 60$ と，すぐにわかる．

ここで，もう一つの便利な導関数の記号を紹介しておこう．h は x の変化量であるから，$h = \Delta x$ と表し，$f(x+h) - f(x)$ は y の変化量であるから $\Delta y = f(x+h) - f(x)$ と表す．これらの記号を使い，導関数を次のように表す．この記号は，変数がたくさん現れてくると威力を発揮する．

$$y' = \lim_{h \to 0} \frac{f(x+h) - f(x)}{h} = \lim_{\Delta x \to 0} \frac{\Delta y}{\Delta x} = \frac{dy}{dx} \tag{2.16}$$

[例題 3]

数直線上を運動している点がある．x 秒後の座標が $y = f(x) = 4x^2 - 5x + 2$ で表せるとき，x 秒後の瞬間速度，すなわち，$f(x)$ の導関数，$f'(x)$ を求めよ．また，導関数を利用して，10秒後の速度を求めよ．

[解] x から $x+h$ までの平均速度 $\dfrac{f(x+h) - f(x)}{h}$ を求めて，$h \to 0$ とした極限値を求める．

$$\lim_{h \to 0} \frac{f(x+h) - f(x)}{h} = \lim_{h \to 0} \frac{\{4(x+h)^2 - 5(x+h) + 2\} - \{4x^2 - 5x + 2\}}{h}$$

$$= \lim_{h \to 0} \frac{8xh - 5h + 4h^2}{h}$$

$$= \lim_{h \to 0} (8x - 5 + 4h)$$

$$= 8x - 5 \tag{2.17}$$

10秒後の速度は，$f'(10) = 8 \times 10 - 5 = 75$ として求められる．

コーヒーブレイク　　アキレスと亀の話

アキレスと亀の話を知っているだろうか．アキレス古代ギリシャのホメロスの書いた『イリアス』にでてくる英雄で，トロイ戦争で活躍した足の早い戦士である．いかに足の早いアキレスでも次のように考えると亀に追いつけないという話である．もちろん実際にはいとも簡単に追い越すのであるが．

アキレスはAから亀はBから走り始める．アキレスがBに来たときには，亀はわずかではあっても先に進んでCに来ている．アキレスがCに来ると，また亀はほんのわずかではあるが前に進んでDに来てしまっている．この手順はいつまでも続くので結局アキレスは亀に追いつけない．この矛盾はどう説明すればいいのだろうか？　アキレスが亀の10倍の速さで走るとしよう．

アキレスがBに来るのに10秒かかるとする．アキレスがBに来たとき，亀はCにいるがBCの距離はABの距離の10分の1である．したがって，アキレスがBCを走るには1秒かかる．以下同様にしてアキレスが次々亀のいた場所にたどりつく時間は 0.1, 0.01, 0.001, 0.0001, … となる．これらを加えると，

$$10 + 1 + 0.1 + 0.01 + 0.001 + 0.0001 + 0.00001 + \cdots = 11.111111111\ldots$$

これは有限の時間で，12秒より小さく，12秒後には追い越してしまっている．アキレスが亀のところにきたら，亀は少し前に行ってしまっているというのは，追い越す時間までの，有限の時間内のことである．これで納得できる人はそれでいいのだが，あの無限の操作はどう考えればいいのだろう，と納得しない人もいよう．

実は，運動しているものの動きを表すのに，ある時刻にある地点にいると表現するが，これは動いているものを，いわば静止させて表しているのである．実際に運動しているものは，「ある瞬間にある地点にいる」というより，「ある瞬間にある地点を通過しつつある」，という方が真実に近い．

第2章　演習問題

(1) ある高速鉄道では，3時間で510 km 列車が走っているという．この列車の平均速度を求めよ．

(2) ある惑星では，高いところから手を放した小石が，x 秒間に，$f(x) = 2x^2 + 6x$ m 落ちるという．このとき，2秒後の瞬間速度を，次の手順で求めよ．

(a) 2秒から 2.1 秒までの平均速度を求めよ．

(b) 2秒から 2.01 秒までの平均速度を求めよ．

(c) 2 秒から $2+h$ 秒までの平均速度を，h の式で表せ．
(d) $h \to 0$ とすることにより，2 秒後の瞬間速度を求めよ．

(3) ある惑星では，高いところから手を放した小石が，x 秒間に，$f(x) = 2x^2 + 6x$ m 落ちるという．このとき，x 秒後の瞬間速度を，次の手順で求めよ．
  (a) x 秒から $x+h$ 秒までの落下距離を求めよ．
  (b) x 秒から $x+h$ 秒までの平均速度を求めよ．
  (c) $h \to 0$ とすることにより，x 秒後の瞬間速度を求めよ．

(4) ある時刻を起点として，x 秒後のウィルスの量が，$f(x) = x^2 - 4x$ g で表せるとき，x 秒後のウィルスの増加速度を表す導関数 $f'(x)$ を次の手順で求めよ．また，この結果を使って，7 秒後のウィルスの増加する速度を求めよ．
  (a) x 秒から $x+h$ 秒までの増加量を求めよ．
  (b) x 秒から $x+h$ 秒までの平均増加速度を求めよ．
  (c) $h \to 0$ とすることにより，x 秒後の瞬間増加速度を求めよ．

第3章　整関数の導関数と諸科学

3.1　x^n の導関数

[例題 1]
前回の復習をかねて，次の関数の導関数を求めよ．
(1)　$y = f(x) = x^3$　(2)　$y = f(x) = x^2$　(3)　$y = f(x) = x$
(4)　$y = f(x) = 3$　(5)　$y = f(x) = ax^2$

[解] (1)
$$y' = f'(x) = \lim_{h \to 0} \frac{f(x+h) - f(x)}{h} = \lim_{h \to 0} \frac{(x+h)^3 - x^3}{h}$$
$$= \lim_{h \to 0} \frac{(x^3 + 3x^2 h + 3xh^2 + h^3) - x^3}{h} = \lim_{h \to 0}(3x^2 + 3xh + h^2) = 3x^2 \quad (3.1)$$

(2)
$$2y' = f'(x) = \lim_{h \to 0} \frac{f(x+h) - f(x)}{h} = \lim_{h \to 0} \frac{(x+h)^2 - x^2}{h}$$
$$= \lim_{h \to 0} \frac{(x^2 + 2xh + h^2) - x^2}{h} = \lim_{h \to 0}(2x + h) = 2x \quad (3.2)$$

(3)
$$y' = f'(x) = \lim_{h \to 0} \frac{f(x+h) - f(x)}{h} = \lim_{h \to 0} \frac{(x+h)^1 - x^1}{h}$$
$$= \lim_{h \to 0} \frac{(x^1 + h) - x^1}{h} \lim_{h \to 0}(1) = 1 \quad (3.3)$$

(4)
$$y' = f'(x) = \lim_{h \to 0} \frac{f(x+h) - f(x)}{h} = \lim_{h \to 0} \frac{(3) - (3)}{h} = \lim_{h \to 0} \frac{0}{h} = 0 \quad (3.4)$$

(5)
$$y' = f'(x) = \lim_{h \to 0} \frac{f(x+h) - f(x)}{h} = \lim_{h \to 0} \frac{a(x+h)^2 - ax^2}{h}$$
$$= \lim_{h \to 0} a \times \frac{(x^2 + 2xh + h^2) - x^2}{h} = \lim_{h \to 0} a \times (2x + h) = a \times 2x \quad (3.5)$$

この結果をわかりやすくまとめると次のようになる．
$$(x^3)' = 3x^2, \quad (x^2)' = 2x, \quad (x^1)' = 1x^0, \quad (3)' = 0, \quad (ax^2)' = a(x^2)' \quad (3.6)$$

これから次のような予測が成り立つだろう．
$$(x^4)' = 4x^3, \quad (x^5)' = 5x^4, \quad (x^6)' = 6x^5, \quad (a)' = 0, \quad (af(x))' = a(f(x))' \quad (3.7)$$

一般に，$(x^\square)' = \square x^{\square-1}$ が成り立つことを確かめよう．$\square$ では書きにくいので，$\square$ の代わりに，n としよう．

$f(x) = x^n$ の導関数を求めるのに，$(x+h)^n$ の展開が必要になってくる．ここでは，この展開した式を全部はっきりさせる必要はない．$(x+h)^n = (x+h)(x+h)(x+h) \cdots (x+h)$ を展開するというのは，各 $(x+h)$ から，x か h のどちらかをとってかけていき，それらを全部

加えることである．すべての $x+h$ から x を取れば，x^n が得られる．一つだけ h をとれば，$x^{n-1}h$ になるが，このようなとり方が，n 個あるので，nx^{n-1} となる．あとは，h を2つ以上とるとり方なので，それらを全部まとめて，$\bigcirc h^2$ としておけば十分である．

$$\begin{aligned}f'(x) &= \lim_{h\to 0}\frac{f(x+h)-f(x)}{h} = \lim_{h\to 0}\frac{(x+h)^n - x^n}{h}\\ &= \lim_{h\to 0}\frac{x^n + nx^{n-1}h + \bigcirc h^2 - x^n}{h} = \lim_{h\to 0}\{nx^{n-1}+\bigcirc h\} = nx^{n-1}\end{aligned} \quad (3.8)$$

$(af(x))' = a(f(x))'$ についても，式変形を見れば成り立つことがわかるであろうが，量的な意味で考えてみても，x 秒間に落ちる距離が 5 倍になるときは，x 秒後の速度も 5 倍になるのは自然であろう．

3.2 2つの関数の和の導関数

今度は，2つの関数の和で表される関数の導関数を求めてみよう．例として，$f(x) = x^2$，$g(x) = x^3$ とおいて，和 $f(x) + g(x) = x^2 + x^3$ の導関数を求めよう．ただし，やみくもに計算するのでなく，2乗と3乗の部分を分けるようにしてみる．

$$\begin{aligned}(f(x)+g(x))' &= \lim_{h\to 0}\frac{\{f(x+h)+g(x+h)\}-\{f(x)+g(x)\}}{h}\\ &= \lim_{h\to 0}\frac{\{(x+h)^2+(x+h)^3\}-\{x^2+x^3\}}{h}\\ &= \lim_{h\to 0}\frac{\{(x+h)^2-x^2\}+\{(x+h)^3-x^3\}}{h}\\ &= \lim_{h\to 0}\frac{\{(x+h)^2-x^2\}}{h}+\frac{(x+h)^3-x^3}{h}\\ &= 2x+3x^2 = (x^2)'+(x^3)' = f'(x)+g'(x)\end{aligned} \quad (3.9)$$

この性質はいつも成り立つ．前の性質と合わせ，導関数を求める演算は線形性を持つ という．

$$\begin{cases}(f'(x)+g(x))' = f'(x)+g'(x)\\ (af(x))' = af'(x)\end{cases} \quad (3.10)$$

[例題 2]
次の関数 $f(x)$ の導関数 $f'(x)$ と，$f'(2)$ を求めよ．

$$y = f(x) = 5x^8 + 3x^5 - 9x^3 + 4x + 8 \quad (3.11)$$

[解] $f'(x) = (5x^8)' + (3x^5)' - (9x^3)' + (4x)' + (8)'$
$$= 5\times 8x^7 + 3\times 5x^4 - 9\times 3x^2 + 4\times 1 + 0 = 40x^7 + 15x^4 - 27x^2 + 4 \quad (3.12)$$

$$f'(2) = 5\times 8\times 2^7 + 15\times 2^4 - 27\times 2^2 + 4 = 1672 \quad (3.13)$$

3.3 導関数と諸科学

今までは，わかりやすいように，関数 $f(x)$ は，x 秒間に物が移動する距離 (m) を表し，$f'(x)$ は，x 秒後の，瞬間速度 であった．

これは，「速さ」という内包量が，一定でない場合の，瞬間的な量である．同じことは，他のすべての内包量についてもいえることである．いくつかの例をまとめておくと次のようになる．

表 3.1 いろいろな導関数の意味

x	$f(x)$	$f'(x)$
時刻 (s)	距離 (m)	速度 (m/s)
時刻 (分)	生産量 (kg)	生産速度 (kg/分)
時刻 (月)	牛肉 100 g の価格 (円)	価格変化率 (円/月)
時刻 (s)	国の借金 (円)	借金の増加速度 (円/s)
体積 (cm^3)	重さ (g)	体積密度 (g/cm^3)
面積 (cm^2)	重さ (g)	面積密度 (g/cm^2)
長さ (cm)	重さ (g)	線密度 (g/cm)
ビールの量 (L)	効用 (○)	限界効用 (○/L)

[例題 3]

ある年の初めから，t か月間に中国から輸入された冷凍餃子の量は，$f(t) = 0.8t^2 + 3t + 4$ トン であったという．t か月後に輸入された量は，1 か月あたり何トンになっていたか．また，3 か月後には 1 か月当たり何トン輸入されていたか．

[解] 1 か月当たりの輸入量を求めるのは，導関数を求めることであり，$f'(t) = 1.6t + 3$ トン/月と求められる．3 か月後は，$t = 3$ と代入し，$f'(3) = 1.6 \times 3 + 3 = 7.8$ トン/月となる．

第 3 章　演習問題

(1) 次の関数 $f(x)$ の導関数 $f'(x)$ および，$f'(2)$ を求めよ．

$$f(x) = 2x^4 + 8x^3 - 5x^2 + 2x - 9$$

(2) 次の関数 $g(t)$ の導関数 $g'(t)$ および，$g'(1)$ を求めよ．

$$f(t) = 3t^6 + 3t^4 - 2t^3 + 4t - 9$$

(3) 次の関数 $H(p)$ の導関数 $H'(p)$ および，$H'(3)$ を求めよ．

$$H(p) = 2p^5 + 3p^3 + 2p^3 - 7p - 5$$

(4) 次の関数 $f(x)$ の導関数 $f'(x)$ および，$f'(1)$ を求めよ．

$$f(x) = ax^5 + bx^4 + cx^3 + dx^2 + ex + g$$

(5) ある UFO が奇妙な動きをしていた．x 秒後の高さ y m が，$y = f(x) = 8 - 3x - 2x^2 + 5x^3$ で表せる．x 秒後の速度を求めよ．また，2 秒後の速度を求めよ．

(6) 別の UFO は猛スピードで上昇していた．t 秒後の高さ H m が，次の式で表せる．$H = H(t) = 8t^4 + 3t^3 + 2t^2 + 5t + 6$　このとき，t 秒後の速度を求めよ．また，3 後の速度を求めよ．

(7) ジュース x L に対する効用 U ｏが，次の式で表せるとする．$U = U(x) = 2 + x = 0.2x^2$．ジュース x L のときの「限界効用」(ジュース 1 L 当たりの効用の変化率) を求めよ．また，ジュース 5 L のときの限界効用を求めよ．

(8) 半径が r cm の円の面積は，$S = \pi r^2$ である．半径が r のときの，半径の増加に対する面積の増加率を求めよ．また，半径が 3 cm のときの，半径の増加に対する面積の増加率を求めよ．

(9) 半径が r cm の球の体積は，$V = \dfrac{4}{3}\pi r^3$ である．半径が r のときの，半径の増加に対する体積の増加率を求めよ．また，半径が 3 cm のときの，半径の増加に対する体積の増加率を求めよ．

第4章　積・商・合成関数の導関数

4.1　2つの関数の積の導関数

長方形の2辺が時間と共に変化しているときの，面積の変化を調べてみよう．時刻が t 秒のときの横の長さが $x = f(t)$，縦の長さが $y = g(t)$ のとき，$(xy)' = (f(t) \times g(t))'$ を求めることになる．

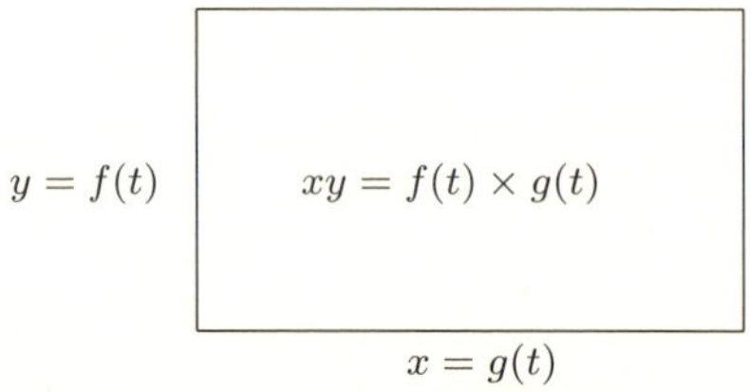

図 4.1　長方形の面積の増加率

t 秒から $t+h$ 秒までの面積の平均変化率 (平均速度) を求め，h をどんどん小さくしていくことになる．

$$
\begin{aligned}
(f(t) \times g(t))' &= \lim_{h \to 0} \frac{f(t+h)g(t+h) - f(t)g(t)}{h} \\
&= \lim_{h \to 0} \frac{\{f(t+h) - f(t)\}g(t+h) + f(t)\{g(t+h) - g(t)\}}{h} \\
&= \lim_{h \to 0} \left[\frac{f(t+h) - f(t)}{h} \times g(t+h) + f(t) \times \frac{g(t+h) - g(t)}{h} \right] \\
&= f'(t)g(t) + f(t)g'(t) \quad (4.1)
\end{aligned}
$$

$(f(t) \times g(t))' = f'(t)g'(t)$ となるのではないかと誤解しやすいので注意しよう．

[例題 1]

長方形の x 分後の横の長さ (cm) が，関数 $f(x) = x^4 - 2x^3 + 6x + 2$ で決まり，縦の長さ (cm) が関数 $g(x) = x^2 + 6x + 8$ で決まっているとき，長方形の面積 $f(x)g(x)\,\text{cm}^2$ は，x 分後に，毎分何 cm^2 の速さで変化しているか．また，1分後の速さを求めよ．

[解]　$(f(t) \times g(t))' = f'(t)g(t) + f(t)g'(t)$

$$
= (4x^3 - 6x^2 + 6)(x^2 + 6x + 8) + (x^4 - 2x^3 + 6x - 2)(2x + 6)_{(\text{cm}^2)} \quad (4.2)
$$

$$
x = 1 \text{ のとき，} \quad 4 \times 15 + 3 \times 8 = 84_{(\text{cm}^2)} \quad (4.3)
$$

[例題 2]

関数 $A(p) = 2 - 3p + 9p^2 - 6p^4$ と，関数 $B(p) = 4 + 8p - 7p^3 + 6p^4$ の積関数 $A(p)B(p)$ の導関数を求めよ．また，$p = 1$ のときの導関数の値を求めよ．

[解]
$$(A(p) \times B(p))' = A'(p)B(p) + A(p)B'(p)$$
$$= (-3p + 18p - 24p^3)(4 + 8p - 7p^3 + 6p^4) + (2 - 3p + 9p^2 - 6p^4)(8 - 21p^2 + 24p^3) \tag{4.4}$$

$p = 1$ のとき， $\quad 9 \times 11 + 4 \times 11 = 143 \tag{4.5}$

4.2 逆数関数の導関数

商の関数の導関数の前に，逆数関数 $y = g(x) = \dfrac{1}{f(x)}$ の導関数を求めておこう．

$$g'(x) = \lim_{h \to 0} \frac{g(x+h) - g(x)}{h} = \lim_{h \to 0} \left[\frac{\frac{1}{f(x+h)} - \frac{1}{f(x)}}{h} \right] = \lim_{h \to 0} \frac{f(x) - f(x+h)}{hf(x+h)f(x)}$$
$$= -\lim_{h \to 0} \frac{f(x+h) - f(x)}{h} \times \frac{1}{f(x+h)f(x)} = -\frac{f'(x)}{\{f(x)\}^2} \tag{4.6}$$

[例題 3]
関数, $g(x) = \dfrac{1}{f(x)} = \dfrac{1}{x^3 - 4x^2 + 7x + 3}$ の導関数 $g'(x)$ を求めよ．また，$x = 0$ のときの導関数の値 $g'(0)$ を求めよ．

[解]
$$g'(x) = -\frac{f'(x)}{\{f(x)\}^2} = -\frac{3x^2 - 8x + 7}{(x^3 - 4x^2 + 7x + 3)^2} \tag{4.7}$$
$$g'(0) = -\frac{7}{3^2} = -\frac{7}{9} \tag{4.8}$$

4.3 2つの関数の商の導関数

重さ (g) を体積 (cm^3) で割ると密度 (g/cm^3) が得られる．利息 (円) を元金 (円) で割ると，利率 (円/円) が得られる．このように，割り算で得られる量は，内包量といって，いろいろな場面で現れることを第 1 回で学んだ．これらの分母と分子を表す外延量が，時間とともに変化しているとき，割り算で表される内包量の変化の速度を求めるのに，「2 つの関数の商の導関数」が必要になってくる．

$y = \dfrac{g(x)}{f(x)}$ の導関数は次のようにして，$f(x)$ と $g(x)$ の導関数で表せる．

$$y' = \left(g(x) \times \frac{1}{f(x)} \right) = g'(x) \left(\frac{1}{f(x)} \right) + g(x) \left(\frac{1}{f(x)} \right)'$$
$$= \frac{g'(x)}{f(x)} + g(x) \left(-\frac{f'(x)}{\{f(x)\}^2} \right) = \frac{g'(x)f(x) - g(x)f'(x)}{\{f(x)\}^2} \tag{4.9}$$

[例題 4]
関数, $\dfrac{g(x)}{f(x)} = \dfrac{x^3 - 4x^2 + 7x + 3}{5x + 2}$ の導関数を求めよ．また，$x = 0$ のときの値を求めよ．

[解]
$$\left(\frac{g(x)}{f(x)}\right)' = \frac{g'(x)f(x) - g(x)f'(x)}{\{f(x)\}^2}$$
$$= \frac{(3x^2 - 8x + 7)(5x + 2) - (x^3 - 4x^2 + 7x + 3)(5)}{(5x + 2)^2} \tag{4.10}$$

$x = 0$ のとき, $\dfrac{7 \times 2 - 3 \times 5}{2^2} = \dfrac{1}{2}$ (4.11)

4.4 合成関数の導関数

$y = (x^2 - 4x + 8)^5$ という関数は，2つに分解しているとわかりやすい．

$$y = (x^2 - 4x + 8)^5 = \begin{cases} y = g(z) = z^5 \\ z = f(x) = x^2 - 4x + 8 \end{cases} \tag{4.12}$$

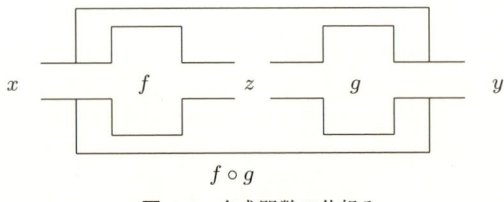

図 4.2 合成関数の仕組み

$y = (f \circ g)(x)$ は，2つの関数 $y = g(z)$ と $z = f(x)$ の合成関数であるという．合成関数の導関数は次のような法則で表せる．

$$\frac{dy}{dx} = \lim_{\Delta x \to 0} \frac{\Delta y}{\Delta x} = \lim_{\Delta x \to 0, \Delta z \to 0} \frac{\Delta y}{\Delta z} \times \frac{\Delta z}{\Delta x} = \frac{dy}{dz} \times \frac{dz}{dx} \tag{4.13}$$

この法則を使うと，$y = (x^2 - 4x + 8)^5$ の導関数は次のように求められる．

$$\frac{dy}{dx} = \frac{dy}{dz} \times \frac{dz}{dx} = 5z^4 \times (2x - 4) = 5(x^2 - 4x + 8)^4 (2x - 4) \tag{4.14}$$

第4章 演習問題

(1) 次の関数 $y = f(x)$ の導関数 $y' = f'(x)$ および，$f'(0)$ を求めよ．
$$y = f(x) = (2 - 5x + 5x^2)(3 - 9x + 7x^3)$$

(2) 次の関数 $y = f(x)$ の導関数 $y' = f'(x)$ および，$f'(0)$ を求めよ．
$$y = f(x) = \frac{1}{4 - 2x + 3x^2}$$

(3) 次の関数 $y = f(x)$ の導関数 $y' = f'(x)$ および，$f'(0)$ を求めよ．
$$y = f(x) = \frac{x^4 - 5x^2 + 6}{5x^2 - 3x - 4}$$

(4) 次の関数 $y=f(x)$ の導関数 $y'=f'(x)$ および，$f'(0)$ を求めよ．

$$y=f(x)=(x^5-x^3+9x-3)^6$$

(5) ある三角形において，時間とともに底辺の長さと高さが変化している．t 秒後の底辺の長さ (cm) が $f(t)=2t+1$ で表され，高さ (cm) が，$g(t)=t^2-t+5$ で表せるという．t 秒後に，三角形の面積は毎秒何 cm^2 の速さで変化しているか．

(6) ある時刻 x 分における，ある平行四辺形の底辺の長さ (cm) と高さ (cm) が次のようになっているという．

$$底辺の長さ = 2+3x+x^2, \qquad 高さ = 1+x+4x^2$$

このとき，x 分後の平行四辺形の面積の増加している速さを求めよ．また，2 分後の速さを求めよ．

(7) ある奇妙な物体は，x 秒後の重さが $2x+3$ (g) であり，体積が $0.5+2.8x$ (cm^3) であるという．x 秒後の密度の変化する速さを求めよ．また，2 秒後の速さを求めよ．

(8) ある円の半径が時間の経過に伴って変化していて，t 秒後の半径 (cm) が $r(t)=t^2+4t+1$ であるという．t 秒後の面積は毎秒何 cm^2 の速さで変化しているか．

(9) ある球の半径が時間の経過に伴って変化していて，x 秒後の半径 (cm) が $r(x)=x^3-x+8$ であるという．x 秒後の球の表面積は毎秒何 cm^3 の速さで変化しているか．

第5章 関数の増減と極大・極小

5.1 関数の増減

地上から真上に向かって，秒速 20 m/s で打ち上げた花火は，x 秒後に高さ (m) はほぼ $y = f(x) = 20x - 5x^2$ のところを通過する．$y = f(x)$ の変化の様子はグラフに表すとわかりやすい．横軸を時刻 (s) にとり，縦軸は高さ (m) にとっている．

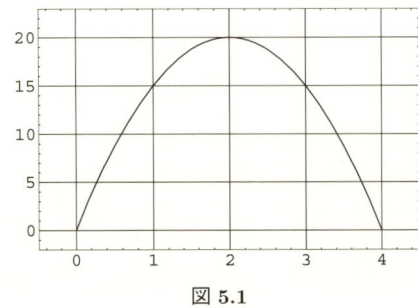

図 5.1

上空に向かっているときと，地面に向かっているときを区別するのは，速さでいえば，速さがプラスのときは上空に向かい，速さがマイナスの時は地面に向かっている．

言い換えると，$f'(x) > 0$ となる時刻 x では $f(x)$ は増加の状態にあり，$f'(x) < 0$ となる時刻 x では $f(x)$ は減少の状態にある．このことは，$f'(x)$ の定義の式からも理解できる．

$$f'(x) = \lim_{h \to 0} \frac{f(x+h) - f(x)}{h} > 0$$
$$\implies \quad h > 0 \text{ とすると，十分小さい } h \text{ に対して, } f(x+h) - f(x) > 0$$
$$\implies \quad f(x+h) > f(x) \qquad f(x) \text{ は増加の状態にある} \tag{5.1}$$

$y = f(x) = 20x - 5x^2$ の導関数は，$f'(x) = 20 - 10x$ である．$f'(x) = 20 - 10x > 0$ となるのは，$10x < 20$，つまり，$x < 2$ のときである．$f'(x) = 20 - 10x < 0$ となるのは，$10x > 20$，つまり，$x > 2$ のときである．これらを次のような表にまとめたものを，**増減表**という．

表 5.1 花火の高さの増減表

x		2	
$f'(x)$	+	0	−
$f(x)$	増加 ↗	極大値 $f(2)$	減少 ↘

5.2 関数の極大・極小

x が 2 になるまでは増加の状態にあり，$x = 2$ では増加の状態が終わり，速度は一瞬であるが 0 になる．x が 2 を超えると $f(x)$ は減少し始める．$x = 2$ では $f(x)$ の値は一番大きな値であり，

$x=2$ で極大になっているという．また，そのときの $f(x)$ の値 $f(2) = 20 \times 2 - 5 \times 2^2 = 20$ を極大値という．

[例題 1]

ある容器には，はじめに 4 L の液体があり，その後，x 分間に x^3+24x L の液体が注入されると同時に，$9x^2$ L が排出されている．x 分後の容器の液体の量は，関数 $y=f(x)=x^3-9x^2+24x+4$ で表せる．液体の量が増加しているような x の範囲を求めよ．また，減少しているような x の範囲を求めよ．それらを増減表で表せ．

[解] 導関数 $f'(x)$ のプラスマイナスになる x の範囲を求める．

$f'(x) = 3x^2 - 18x + 24 = 3(x^2-6x+8) = 3(x-2)(x-4)$ であるから，次のようになる．

$$3(x-2)(x-4) > 0 \Longrightarrow x > 4 \quad \text{または} \quad x < 2 \tag{5.2}$$

$$3(x-2)(x-4) < 0 \Longrightarrow 2 < x < 4 \tag{5.3}$$

これらを増減表で表すと次のようになる．

表 5.2 液体の量の増減表

x		2		4	
$f'(x)$	+	$f'(2)=0$	−	$f'(4)=0$	+
$f(x)$	↗(増加)	$f(2)=24$	↘(減少)	$f(4)=20$	↗(増加)

$y = f(x)$ の変化の様子はグラフに表すとわかりやすい．横軸を時刻 (分) にとり，縦軸は液量 (L) にとっている．x が 4 になる直前は減少の状態にあり，$x=4$ では減少の状態が終わり，増加の速度は一瞬であるが 0 になる．x が 4 を超えると $f(x)$ は増加し始める．$x=4$ の近くでは $x=4$ で $f(x)$ の値は一番小さな値であり，$x=2$ で極小になっているという．また，そのときの $f(x)$ の値 $f(4) = 20 \times 2 - 5 \times 2^2 = 20$ を極小値という．

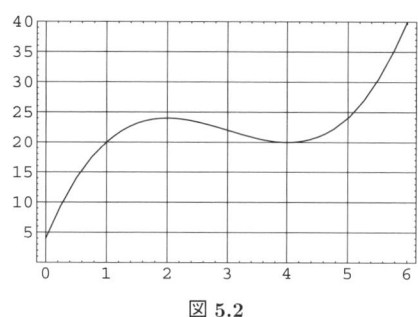

図 5.2

5.3 関数の最大・最小

例題 1 において，0 分から 6 分までの液量の変化を見ると，グラフからわかるように，一番たくさんあったのは 6 分後で，$f(6) = 40$ L である．一番少なかったのは，はじめで，$f(0)=4$ L である．関数 $y = f(x) = 3x^2 - 18x + 24$ といったとき，実際問題としては，x の値は一定の範囲の値しか考えないのが普通である．このようなとき，変数 x のとる値の範囲を，**変域**とい

う．これに対し，y のとりうる値の範囲を，**値域**という．

$y = f(x)$ のとりうる値の中で一番大きな値を，**最大値**といい，一番小さい値を，**最小値**という．例題 1 の例では，最大値は 40ℓ であり，最小値は 4ℓ である．

この例でわかるように，極大値と極小値は最大値と最小値に直接に関係するとは限らない．例題 1 でも，x の変域が $2 < x < 5$ であったりすれば，最小値は，$f(4) = 20$ となる．最大値は，$f(2) = f(5) = 24$ となる (図 5.3(a))．

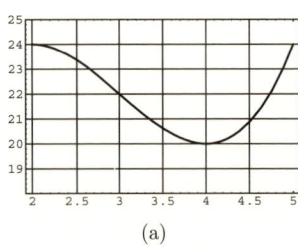
(a)

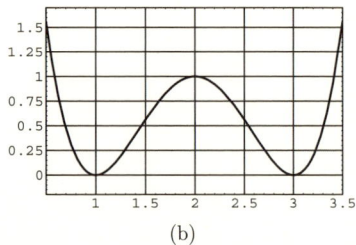
(b)

図 5.3

[例題 2]

ある正方形が時間がたつにつれて変形していて，1 辺の長さ (cm) が時刻 x 分のときに，$|x^2 - 4x + 3|$ で表せるという．正方形の面積 (cm^2) は t 分後に，毎分何 cm^2 の速さで変化しているか．面積が増加しているような x の範囲を求めよ．また，減少しているような x の範囲を求めよ．それらを増減表で表せ．

また，x の変域が $1 \leqq x \leqq 3$ のときの面積の最大値と最小値を求めよ．さらに，x の変域が $0.5 \leqq x \leqq 3.5$ のときの面積の最大値と最小値を求めよ．

[解] 時刻 x 分のときの正方形の面積は，$f(x) = (x^2 - 4x + 3)^2$ で表せる．面積が変化する速度は，$f'(x) = 2(x^2 - 4x + 3)(2x - 4)$ となるが，因数分解して，$f'(x) = 4(x-1)(x-2)(x-3)$ となる．$f'(x)$ の符合が変わるところは，$x = 1, x = 2, x = 3$ である．$x > 3$ では，$(+) \times (+) \times (+) > 0$ というように，それぞれの区間での符号を考えて次のような増減表にまとめられる．

表 5.3　正方形の面積の増減表

x	0.35		1		2		3		3.5
$f'(x)$		$-$	$f'(1) = 0$	$+$	$f'(2) = 0$	$-$	$f'(3) = 0$	$+$	
$f(x)$	1.5625	↘	$f(1) = 0$	↗	$f(2) = 1$	↘	$f(3) = 0$	↗	1.5625

$1 \leqq x \leqq 3$ のときの最大値 $= 1$，最小値 0．

$0.5 \leqq x \leqq 3.5$ のときの最大値 $= 1.5625$，最小値 $= 0$．

この結果を図示すると，図 5.3(b) のようになる．

第5章　演習問題

(1) 次の関数 $y = f(x)$ が増加している x の範囲，減少している x の範囲を求めて増減表を作り，極大値・極小値を求めよ．
$$y = f(x) = 4 - 6x + 3x^2$$
また，グラフの概形を描け．さらに，値域が次のようなときの最大値と最小値を求めよ．
(a) $-2 \leqq x \leqq 2$　　　(b) $0 \leqq x \leqq 3$

(2) 次の関数 $y = f(x)$ が増加している x の範囲，減少している x の範囲を求めて増減表を作り，極大値・極小値を求めよ．
$$y = f(x) = 2 + 4x - x^2 - x^3$$
また，グラフの概形を描け．さらに，値域が次のようなときの最大値と最小値を求めよ．
(a) $-2 \leqq x \leqq 2$　　　(b) $0 \leqq x \leqq 3$

(3) 次の関数 $y = g(t)$ が増加している t の範囲，減少している t の範囲を求めて増減表を作り，極大値・極小値を求めよ．
$$y = g(t) = -t^4 + 2t^2$$
また，グラフの概形を描け．さらに，値域が次のようなときの最大値と最小値を求めよ．
(a) $-2 \leqq t \leqq 2$　　　(b) $0 \leqq t \leqq 3$

(4) あるウィルスの量が最初 0.5g あり，t 秒後には，次の式で表される量だけになるという．
$$y = f(t) = 0.5 + 0.4t + 0.1t^2$$
ウィルスが増加しつつある時間帯，減少しつつある時間帯を求めよ．また，ウィルスの量の変化を表す増減表を作りグラフの概形を描け．さらに，時刻 $0 \leqq t \leqq 6$ におけるウィルスの最大値と最小値を求めよ．

(5) ある食品の倉庫に保管されている量が，最初 5kg あり，x 秒後には，次の式で表される量だけになるという．
$$y = f(x) = 5 + 6x - x^2 + x^3$$
倉庫の在庫量が増加しつつある時間帯，減少しつつある時間帯を求めよ．また，在庫量の変化を表す増減表を作りグラフの概形を描け．さらに，時刻 $0 \leqq t \leqq 6$ における在庫量の最大値と最小値を求めよ．

(6) ある球の半径が，t 秒後に，$2t + 4$ cm になるという．この球の，t 秒後の体積はどのように表せるか．球の体積が増加しつつある時間帯，減少しつつある時間帯を求めよ．また，体積の変化を表す増減表を作りグラフの概形を描け．さらに，時刻 $0 \leqq t \leqq 3$ における球の体積の最大値と最小値を求めよ．

# 第6章 曲線の接線と凹凸

6.1 導関数と曲線の接線

野球でピッチャーの投げた球をバットで打ち，ホームランになる場合，球の描く曲線は放物線となる．その原理は次のように説明できる．球が進んでいく方向を x 軸とし，上空方向を y 軸とする．

x 軸方向では，はじめの速度を 20 m/秒とすると，t 秒後には，$x = 20t$(m) 進む．上空へもはじめの投げ上げる速さが，20 m/秒とすると，t 秒後には，$y = 20t - 5t^2$ (m) の高さになる．このとき，x 方向へ何メートル進んだところの高さを求めるには，y を x で表せばよい．$t = \dfrac{x}{20}$ を $y = 20t - 5t^2$ に代入して，$y = f(x) = x - \dfrac{1}{80}x^2$ と表せる．

導関数は $y' = f'(x) = 1 - \dfrac{1}{40}x$ となる．導関数の値が 0 になるのは，$1 - \dfrac{1}{40}x = 0$ から，$x = 40$ のときである．増減表は次のようになる．

表 6.1 野球の球の高さの増減表

x		40	
$f'(x)$	$+$	0	$-$
$f(x)$	増加 ↗	極大値 $f(40) = 20$	減少 ↘

$y = f(x)$ のグラフは次のようになる．これはボールが描く曲線である．

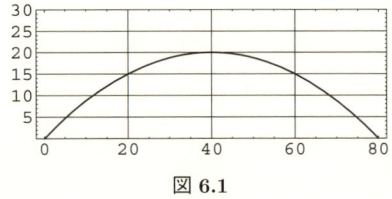

図 6.1

ここで，導関数 $y' = f'(x) = 1 - \dfrac{1}{40}x$ はこのグラフの上で何を表しているのだろうか？ x は時刻ではないので，$y' = f(x)$ は速度ではない．$f'(x)$ のグラフ上の意味を考えるには，$f'(x)$ を求める式に戻ってみればよい．

$$y' = f'(x) = \lim_{h \to 0} \frac{f(x+h) - f(x)}{h} \tag{6.1}$$

$\dfrac{f(x+h) - f(x)}{h}$ は，曲線上の 2 点 $(x, f(x))$ と $(x+h, f(x+h))$ を結ぶ直線の傾きである．この直線を，曲線をきっているので，**割線**という．h をどんどん 0 に近づけていくと，割線は次第に 1 つの直線に近づいていく．

この直線は，点 $(x, f(x))$ で曲線に接しているので，**接線**と呼ぶ．したがって，$f'(x)$ は，曲

線上の点 $(x, f(x))$ での**接線の傾き**を表すことになる．

この様子を見やすくするために，$y = 0.1x^2$ 上の点 $(2, 0.4)$ での接線とそれに近づいていく割線の様子を図に表しておく．$f'(x) = 0.2x$ であるから，$f'(2) = 0.4$ が接線の傾きである．

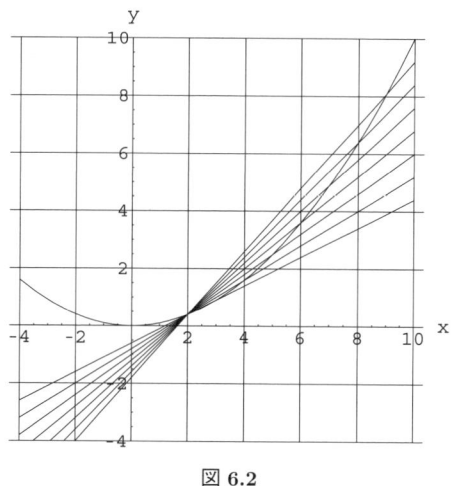

図 6.2

[例題 1]

曲線 $y = f(x) = x^4 - 5x^3 + 2x^2 - 8x + 12$ 上の点 $(1, 2)$ における接線の傾きを求めよ．

[解] 点 $(x, f(x))$ での接線の傾きは，導関数 $f'(x) = 4x^3 - 15x^2 + 4x - 8$ である．$x = 1$ を代入し，$f'(1) = -15$ が求める点 $(1, 2)$ における接線の傾きである．

6.2 接線の式

原点を通り，傾きが m の直線の式は，$y = mx$ である．点 (a, b) を通り，傾きが m の直線の式は，(a, b) を原点と思うと，$X = x - a$ と $Y = y - b$ が $Y = mX$ の関係にあることから，$Y = mX$ となり，x と y で表せば，$y - b = m(x - a)$ となる．書き直して，$y = m(x - a) + b$ と表してもよい．

曲線 $y = f(x)$ 上の点 (a, b) での接線の傾きは $m = f'(a)$，$b = f(a)$ であるから，接線の式は次のように表せる．

$$y = f'(a)(x - a) + f(a) \tag{6.2}$$

[例題 2]

曲線 $y = f(x) = (x^2 - 5x + 2)^2$ 上の点 $(1, 2)$ における接線の式を求めよ．

[解] 点 $(x, f(x))$ での接線の傾きは，導関数 $f'(x) = 2(x^2 - 5x + 2)(2x - 5)$ である．$x = 1$ を代入し，$f'(1) = 12$ が点 $(1, 2)$ における接線の傾きである．接線の式は，$y = 12(x - 1) + 4$ まとめて，$y = 12x - 8$ とも表せる．

6.3 曲線の凹凸と2階の導関数

ある時期の日本とアメリカの経済成長率の変化が，次のようになっていた．左の図が日本で右の図がアメリカであった．このような例は経済現象や社会現象のいろいろなところで見られる．

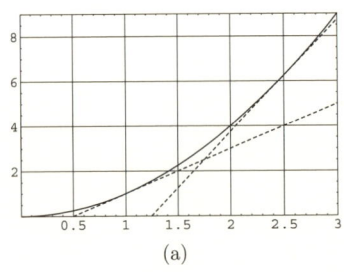
(a)

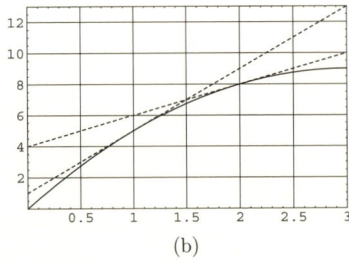
(b)

図 6.3

ともに増加しているのであるが，増加の仕方に違いがある．左の増加の仕方は，増加の仕方がどんどん大きくなっているのに対し，右の図は増加しているが増加の程度は次第に鈍ってきている．

増加の程度は導関数で表せ，グラフ上では接線の傾きである．左の曲線では x が増えると，接線の傾き $f'(x)$ が増加していて，右の図では接線の傾き $f'(x)$ は減少している．左の曲線のように下に膨れている曲線を**凹曲線**といい，右の曲線のように上に膨れている曲線を**凸曲線**という．

ある関数 $g(x)$ が増加しているか減少しているかはその導関数 $g'(x)$ の正負で判定できた．したがって，ここでの凹凸の違いは，$f'(x)$ をもう一度微分した $f''(x)$ の正負で区別できる．$f''(x)$ は，$f(x)$ の**2階の導関数**という．

[例題 3]

曲線 $y = f(x) = x^3 - 3x^2$ において，曲線が凸と凹になる x の範囲をそれぞれ求めよ．

[解] 1階の導関数が $f'(x) = 3x^2 - 6x$ であり，2階の導関数は $f''(x) = 6x - 6 = 6(x-1)$ となる．$x > 1$ の範囲で $f''(x) > 0$ であるから凸となる．$x < 1$ の範囲で $f''(x) < 0$ であるから凹となる．

図のように，点 $(1, -2)$ では凸と凹が変わっていて，このような点は**変曲点**と呼ばれる．

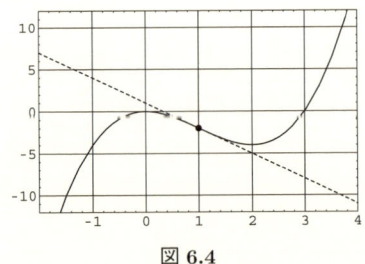

図 6.4

第6章 演習問題

(1) 関数 $y = f(x) = 2x^3 - 3x^2 - 5x - 3$ で定まる曲線は次のようになる．

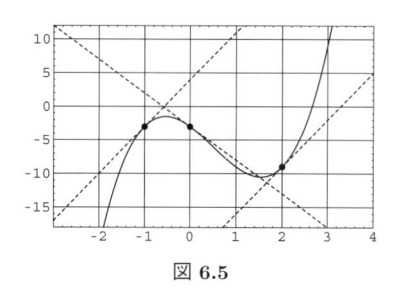

図 6.5

この曲線上で，次の各点での接線の傾きと，接線の式を求めよ．
  (a) $(-1, f(-1))$　　　(b) $(0, f(0))$　　　(c) $(2, f(2))$

(2) 関数 $y = f(x) = -2x^4 + 6x^2 - 8x - 3$ で定まる曲線は次のようになる．

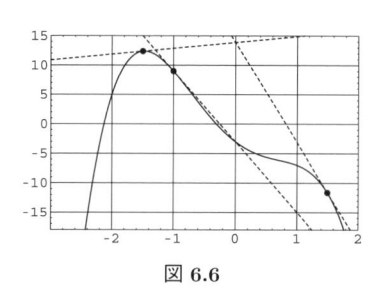

図 6.6

この曲線上で，次の各点での接線の傾きと，接線の式を求めよ．
  (a) $(-1.5, f(-1.5))$　　　(b) $(-1, f(-1))$　　　(c) $(1.5, f(1.5))$

(3) 関数 $y = f(x) = -x^3 + 3x^2 + 1$ で定まる曲線 (左の図) において，凸となる x の範囲，凹となる x の範囲を求めよ．また，変曲点を求めよ．

(4) 関数 $y = f(x) = 3x^5 - 10x^3 + 5x$ で定まる曲線 (右の図) において，凸となる x の範囲，凹となる x の範囲を求めよ．また，変曲点を求めよ．

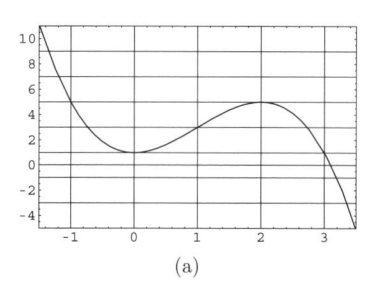

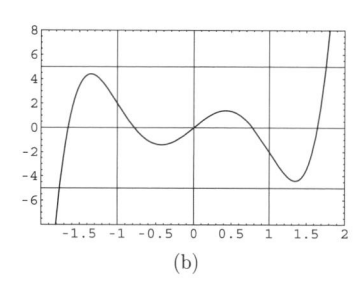

(a)　　　(b)

図 6.7

第7章 指数関数とその導関数

7.1 指数関数

最初に単位量 (1g) あったものが，単位時間 (たとえば1分) の後に2倍に増え，2gになるとしよう．しかも，この増え方はそのときの量と時刻に無関係に，ある時刻にagになったとき，単位時間後に$2a$gになるとする．

2秒後には$2 \times 2 = 2^2$, 3秒後には$2^2 \times 2 = 2^3$となり，時刻xでの量$y = f(x)$は次の式で表せる．xが整数値以外でもこの式で表す．

$$y = f(x) = 2^x \tag{7.1}$$

一般に1でない正の数aに対し，$y = f(x) = a^x$で表せる関数を **指数関数** という．

指数関数の性質をいくつか調べよう．はじめに1gから出発しているので，$f(0) = a^0 = 1$が成り立つ．また，$(t+s)$分後の量$f(t+s) = a^{t+s}$は，t分後の量$f(t) = a^t$をもとにして，それからs分後の量でもあるので，$f(t) \times a^s = a^t \times a^s$と一致する．すなわち次の関係が成り立つ．

$$f(t+s) = f(t)f(s), \qquad a^{t+s} = a^t a^s \tag{7.2}$$

別の一定の時間にb倍になるとすれば，この一定の時間のs倍の時間にはb^sの量になる．このことから，$y = a^x$において，$x = ts$における量a^{ts}は，時間tを一定の時間にとり，tsはそのs倍であるから，$(a^t)^s$とも表せる．すなわち，$a^{ts} = (a^t)^s$が成り立つ．

さらに，$-t$秒後すなわちt秒前の量を$A = a^{-t}$とすると，t秒後には1になるので，$A \times a^t = 1$となる．この式から，$A = \dfrac{1}{a^t}$となる．すなわち，$a^{-t} = \dfrac{1}{a^t}$が成り立つ．

これらの法則をまとめて **指数法則** という．

(1) $a^{t+s} = a^t a^s$ (2) $a^{ts} = (a^t)^s$ (3) $a^{-t} = \dfrac{1}{a^t}$

指数関数の変化をグラフに表してみよう．$y = f(x) = a^x$ において，$a = 1.1$, $a = 1.3$, $a = 1.5$, $a = 2$のグラフは，図7.1のようになっている．aが正のときは増加関数で，グラフは右上がりになる．aが負のときは減少関数で，グラフは右下がりになる．

7.2 自然対数の底 e

ここで，数学全体で重要な数，とりわけ，指数と対数で大事な役割を果たす数$e = 2.718\cdots$を導入する．この値は，金融との関係で現れてくる．

1万円を年利率1 (100パーセント) の半年ごとの複利で預金するとき，1年後の元利合計を求める．

半年たつと元利合計は$1 + 1 \times \dfrac{1}{2} = 1 \times \left(1 + \dfrac{1}{2}\right) = \left(1 + \dfrac{1}{2}\right)$となる．残りの半年は，この金額を元金として利息が付くので，1年後の元利合計は次のようになる．

7.2 自然対数の底 e

図 7.1

$$\left(1+\frac{1}{2}\right)+\left(1+\frac{1}{2}\right)\times\frac{1}{2}=\left(1+\frac{1}{2}\right)^2 \tag{7.3}$$

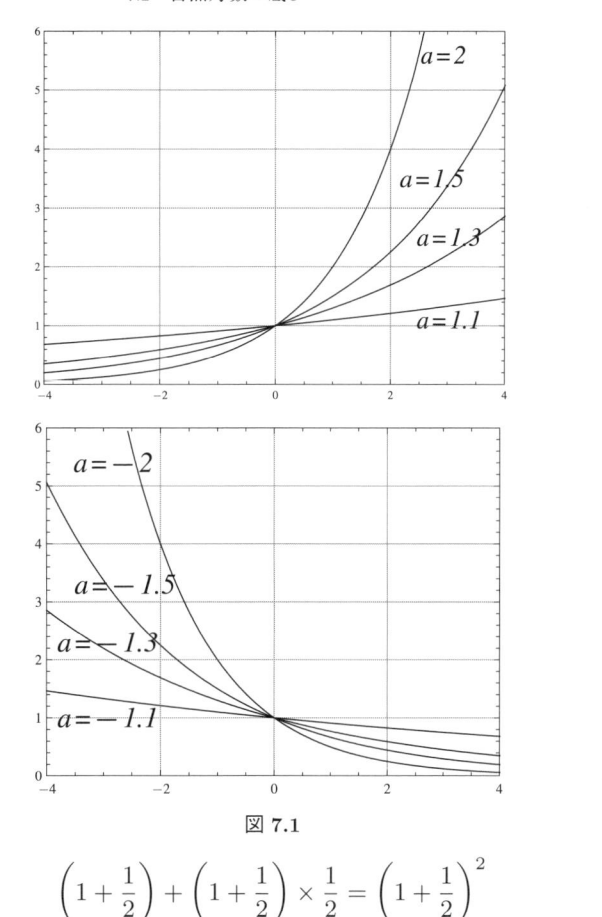

1 年に 3 回,つまり,4 か月ごとに複利の計算をして元金に組み入れてくれるとすると,1 年後の元利合計は $\left(1+\dfrac{1}{3}\right)^3$ となる.

さらに,毎月元金に組み入れてくれると,$\left(1+\dfrac{1}{12}\right)^{12}=2.61304\cdots$ となる.毎日元金に組み入れると $\left(1+\dfrac{1}{365}\right)^{365}=2.71457\cdots$ となる.

$$\left(1+\frac{1}{10}\right)^{10},\left(1+\frac{1}{100}\right)^{100},\left(1+\frac{1}{1000}\right)^{1000},\cdots,\left(1+\frac{1}{10^n}\right)^{10^n},\cdots,\left(1+\frac{1}{10^{10}}\right)^{10^{10}}$$

を計算してみよう.有効数字を大きくとり,次のように求められる.

$2.593742460100000\cdots,$

$2.704813829421526\cdots,$

$2.716923932235892\cdots,$

$2.718145926825224\cdots,$

$2.718268237174489\cdots,$

$2.718280469319376\cdots,$

$2.718281692544966\cdots,$

この変化を 200 までグラフに描いてみると次のようになる.

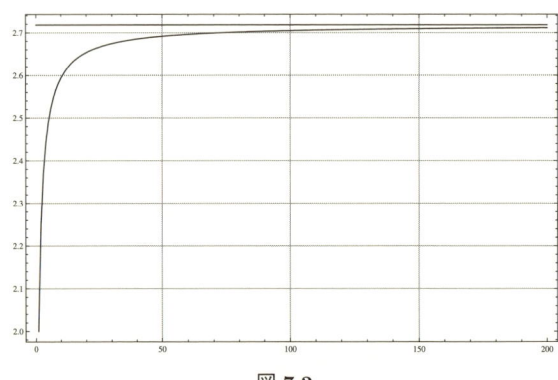

図 7.2

複利計算をして元金に組み入れる期間を短くすれば，元利合計はそれだけ増えるはずであるから，次第に数値は大きくなっていく．だんだん数値が動かなくなってきた範囲で，$2.71828\ldots$ に近づいていきそうである．この値が **自然対数の底** あるいは **ネピアの数** と呼ばれる数値で e で表す．

$e = 2.71828182845904523536028747135266249775724709369995749669676277240766$
$630353547594571382178525166427427466391932003059921817413596629043572900}$
$00334295260595630738132328627943490763233829880753195251019 0\ldots$

7.3 e^x の導関数

$y = f(x) = e^x$ の導関数を求めるには，導関数の意味，定義式から求める．すなわち，x から $x+h$ までの平均変化率を求めて，$h \to 0$ としたときの極限値を求める．

$$\begin{aligned} f'(x) &= \lim_{h \to 0} \frac{f(x+h) - f(x)}{h} \\ &= \lim_{h \to 0} \frac{e^{x+h} - e^x}{h} \\ &= \lim_{h \to 0} e^x \times \frac{e^h - 1}{h} \end{aligned} \tag{7.4}$$

ここで，$\dfrac{e^h - 1}{h}$ の変化について調べる必要がある．次の場合の値を調べる．

$$h = \left(\frac{1}{10}\right), \left(\frac{1}{10}\right)^2, \left(\frac{1}{10}\right)^3, \cdots, \left(\frac{1}{10}\right)^n, \cdots, \left(\frac{1}{t10}\right)^{20} \tag{7.5}$$

$1.0517091807564762481170782649024668224547194 73752\ldots,$
$1.0050167084168057542165456902860033807362201 52429\ldots,$
$1.0005001667083416680557539930583115630762005807\ldots,$
$1.0000500016667083341666805557539707341545417218\ldots,$
$1.0000050000166670833341666680555575396850198 4\ldots,$
$1.0000005000001666670833334166666805555575397\ldots,$
$1.0000000500000016666670833333416666666805556\ldots,$
$1.0000000050000000166666670833333341666666 7\ldots,$
$1.0000000005000000001666666670833333334167\ldots,$

1.000000000050000000001666666667083333333...,
1.0000000000500000000016666666666708333...,
1.00000000000500000000001666666666671...,
1.000000000000500000000000166666666667...,
1.0000000000000500000000000016666667...,
1.00000000000000050000000000000016667...,
1.000000000000000005000000000000000017...,
1.000000000000000005...,
1.0000000000000000005...,
1.00000000000000000005...,
1.000000000000000000005...,

これで次の極限値が納得できよう．もちろんきちんと証明することもできるが，ここでは省略する．

$$\lim_{h \to 0} \frac{e^h - 1}{h} = 1 \tag{7.6}$$

したがって，e^x の導関数が次のように求められた．

$$(e^x)' = \lim_{h \to 0} \frac{e^{x+h} - e^x}{h} = e^x \lim_{h \to 0} \frac{e^h - 1}{h} = e^x \tag{7.7}$$

$y = e^x$ の導関数が $y' = e^x$ と同じ関数であるという結果が得られた．したがって次のように表せる．

$$(e^x)' = e^x, \qquad \frac{dy}{dx} = e^x = y = 1 \times y \tag{7.8}$$

わざわざ $1 \times y$ と書いたのは，e^x でなく，2^x などの場合には次のようになるからである．

$$\frac{dy}{dx} = k \times y \tag{7.9}$$

このように，指数関数の変化率は，そのときの量 (関数の値) に比例するのである．そして，比例定数がちょうど 1 になるような数が自然対数の底 $e = 2.7182\cdots$ に他ならない．e をこのように定義してもよいのである．

[例題 1]
関数 $y = f(x) = e^{x^3 - 4x^2 + 5x + 3}$ の導関数を求めよ．

[解] 次のように，2 つの関数に分解して考えるとよい．

$$y = e^{x^3 - 4x^2 + 5x + 3} = \begin{cases} y = g(z) = e^z \\ z = f(x) = x^3 - 4x^2 + 5x + 3 \end{cases} \tag{7.10}$$

合成関数の微分法則を適用して，次のように計算できる．

$$\frac{dy}{dx} = \frac{dy}{dz} \times \frac{dz}{dx} = e^z \times (3x^2 - 8x + 5) = e^{x^3 - 4x^2 + 5x + 3}(3x^2 - 8x + 5) \tag{7.11}$$

簡単な場合として，次のような計算も確かめられる．

$$(e^{5x})' = 5e^{5x} \tag{7.12}$$

一般の，次の微分法則が成り立つ．
$$(e^{kx})' = ke^{kx} \tag{7.13}$$

[例題 2]
関数　$y = f(x) = (2x^4 - 5x^2 + 3x - 8)e^{3x}$ の導関数を求めよ．また，$f'(0)$ を求めよ．

[解] この関数は，2つの関数，$(2x^4 - 5x^2 + 3x - 8)$ と，e^{3x} の積の関数ととらえて，積の関数の微分法則を適用する．

$$\begin{aligned} f'(x) &= (2x^4 - 5x^2 + 3x - 8)' \times e^{3x} + (2x^4 - 5x^2 + 3x - 8) \times (e^{3x})' \\ &= (8x^3 - 10x + 3) \times e^{3x} + (2x^4 - 5x^2 + 3x - 8) \times 3e^{3x} \end{aligned} \tag{7.14}$$

$$f'(0) = 3 \times 1 + (-8) \times 3 = -21 \tag{7.15}$$

[例題 3]
関数　$y = f(x) = \dfrac{e^{2x}}{x^2 + 3}$ の導関数を求めよ．また，$f'(0)$ を求めよ．

[解] 商の関数の微分法則を適用する．

$$\begin{aligned} f'(x) &= \frac{(e^{2x})' \times (x^2 + 3) - e^{2x} \times (x^2 + 3)'}{(x^2 + 3)^2} \\ &= \frac{2e^{2x} \times (x^2 + 3) - e^{2x} \times 2x}{(x^2 + 3)^2} \\ &= \frac{2(x^2 + 3)e^{2x} - 2xe^{2x}}{(x^2 + 3)^2} \end{aligned} \tag{7.16}$$

$$f'(0) = \frac{6 - 0}{9} = \frac{2}{3} \tag{7.17}$$

第7章　演習問題

(1) 次の関数 $f(x)$ の導関数 $f'(x)$ と，$f'(0)$ を求めよ．
$$y = f(x) = 4e^{3x} + 5e^{-7x}$$

(2) 次の関数 $f(x)$ の導関数 $f'(x)$ と，$f'(0)$ を求めよ．
$$y = f(x) = e^{x^4 - 5x^3 + 6x - 9}$$

(3) 次の関数 $f(x)$ の導関数 $f'(x)$ と，$f'(0)$ を求めよ．
$$y = f(x) = \frac{e^{-2x}}{3x + 2}$$

(4) 次の関数 $f(x)$ の導関数 $f'(x)$ と，$f'(0)$ を求めよ．
$$y = f(x) = (4x^2 - 5x + 2)e^{-5x}$$

(5) 次の関数 $f(x)$ の導関数 $f'(x)$ と，$f'(0)$ を求めよ．
$$y = f(x) = 4x^3 - 6x^2 + 9x - 1 + 3e^{3x} - 9e^{-x}$$

(6) x 秒間に落下する距離 (m) が，次の関数 $f(x)$ で表せる UFO がある．x 秒後の速さ (m/s) を求めよ．さらに，2 秒後の速さを求めよ．

$$y = f(x) = x^2 + 2e^{3x} + 4e^{-x}$$

(7) x 分間に落下する距離 (m) が，次の関数 $f(x)$ で表せる UFO がある．x 秒後の速さ (m/s) を求めよ．さらに，2 秒後の速さを求めよ．

$$y = f(x) = x^2 + 2e^{3x} + 4e^{-x}$$

(8) ある機械から x 分間に生産される生産量 (kg) が，次の関数 $f(x)$ で表せる．x 分後の生産される速さ (kg/分) を求めよ．さらに，2 分後の生産される速さを求めよ．

$$y = f(x) = 2x + 3 + 4e^{-3x} + 5e^{-x}$$

第8章　対数関数とその導関数

8.1　対数関数

指数関数 $y = f(x) = 2^x$ は，x が時刻 (秒，分，時，日，月，年，等) で，y がいろいろな変量 (長さ，重さ，容積，密度，等) である場合が多い．指数関数は，時刻 x を知ってそのときの量 y を求める法則である．

例えば次のような指数関数を考えてみよう．時刻 3 のときの量は $2^3 = 8$ である．わかりやすいように単位を g にとっておく．4 秒後には $2^4 = 16$ g になる．

逆に，量 y から時刻 x を求めてみよう．8 g になるのは $8 = 2^3$ であるから 3 秒後である．16 g になるのは $16 = 2^4$ であるから 4 秒後である．このように y が与えられたとき，$y = 2^\square$ と書ける，$\square$ を求める法則が **対数関数** である．

x から y を求める指数関数に対して，y から x を求める対数関数は逆の対応になっている．したがって，対数関数は指数関数の **逆関数** であるという．

$$\text{指数関数}: x \longrightarrow y, \qquad \text{対数関数}: x \longleftarrow y \tag{8.1}$$

指数関数 $y = 2^x$ に対し，対数関数は $x = 2_y$ とでも書けばよいのであるが，普通は $x = \log_2 y$ と書く．log は，英語の logarithm から来ている．対数 $\log_a b$ に対して，a を，**対数の底** といい，b を，**対数の真数** という．

一般に対数関数 $x = \log_a y$ $(a > 0, a \neq 1)$ は，指数関数と次の関係にある．

$$y = a^x \iff x = \log_a y \tag{8.2}$$

変数は関数を表す仮の道具であったから，x と y を入れ替えて，次のように書いても同じことである．

$$y = \log_a x \iff x = y^a \tag{8.3}$$

対数の値を求めるには $\log_2 16 = \log_2 2^4 = 4$ とか，$\log_{10} 0.01 = \log_{10} 10^{-2} = -2$ のように，きちんとした整数値になる場合は数表やコンピュータがなくても求められる．しかし，$\log_2 3$，$\log_{10} 4$ などの値を求めるには数表かコンピュータが必要である．

底が自然対数の底 e の場合の対数が特に大事である．日本では，底が e のときは省略し，$\log_e x$ を $\log x$ と書き表す．もっとも，外国では e を底とした対数を ln と表す．$\ln x = \log x$ である．

数学記号は万国共通だろうと思うであろうが，意外に国によって表し方が異なるのである．

ここで対数の性質をいくつか調べておこう．対数の性質は指数法則から得られる．

$y = a^x$ とする．量が A になる時刻を t，B になる時刻を s とすると，$A = a^t$, $B = a^s$ である．量が AB になる時刻 $\log_a AB$ は次のように変形できる．

$$\log_a AB = \log_a a^t a^s = \log_a a^{t+s} = t + s = \log_a A + \log_a B \tag{8.4}$$

積の対数はそれぞれの対数の和である．同様に商の対数は対数の差であることがわかる．

$$\log_a \frac{A}{B} = \log_a \frac{a^t}{a^s} = \log_a a^{t-s} = t - s = \log_a A - \log_a B \tag{8.5}$$

また，$a^0 = 1$ から $\log_a 1 =$, $a^1 = a$ から $\log_a a = 1$, さらには，$\log_a a^n = n$ となる．
さらに，対数の底は自由に変えられることがわかる．

$$\log_a x = \frac{\log_b x}{\log_b a} \tag{8.6}$$

この式は，量が A になる時刻を t とし，$A = a^t$．こんどは量 A になる時間を単位にとり，量 B になる時刻を s とし，$B = A^s$．これを変形すると，$B = A^s = (a^t)^s = a^{ts}$．したがって，$ts = \log_a B$ すなわち，$\log_a A \times \log_A B = \log_a B$ が成り立つ．変形して次の式が得られる．

$$\log_A B = \frac{\log_a B}{\log_a A} \tag{8.7}$$

これらを使うと次のような計算ができる．

$$\log_{10} 2 + \log_{10} 5 = \log_{10} 2 \times 5 = \log_{10} 10 = 1 \tag{8.8}$$

$$\log_{10} 50 - \log_{10} 5 = \log_{10} \frac{50}{5} = \log_{10} 10 = 1 \tag{8.9}$$

$\log_{10} a = 0.2$, $\log_{10} b = 0.3$ のとき，

$$\log_{10} ab = \log_{10} a + \log_{10} b = 0.2 + 0.3 = 0.5 \tag{8.10}$$

このように，積を和になおしたり，和を積になおしたりすると便利である．

[例題 1]
(1) 次の対数の積や累乗を，対数の和に直せ．

$$\log_a \left(\frac{4x^7 y^{-4}}{z^{\frac{2}{5}}} \right) \tag{8.11}$$

(2) 次の対数の和を，1つの対数で表せ．

$$5 \log_a x + 4 \log_a y - \log_a x^3 - \log_a y^2 \tag{8.12}$$

[解] (1) 次のようになる．

$$\log_a \left(\frac{4x^7 y^{-4}}{z^{\frac{2}{5}}} \right) = \log_a 4 + 7 \log_a x - 4 \log_a y - \frac{2}{5} \log_a z \tag{8.13}$$

(2) 次のようになる．

$$5 \log_a x + 4 \log_a y - \log_a x^3 - \log_a y^2 = \log_a \left(\frac{x^5 y^4}{x^3 y^2} \right) \tag{8.14}$$

8.2 対数関数のグラフ

対数関数 $y = f(x) = \log_e x$ のグラフを描いてみよう．$\log_e 1 = 0$ であるから，$f(1) = 0$ となり，$x = 1$ のところで x 軸と交わる．また，$0 < x < 1$ においては $\log_e x < 0$ となる．

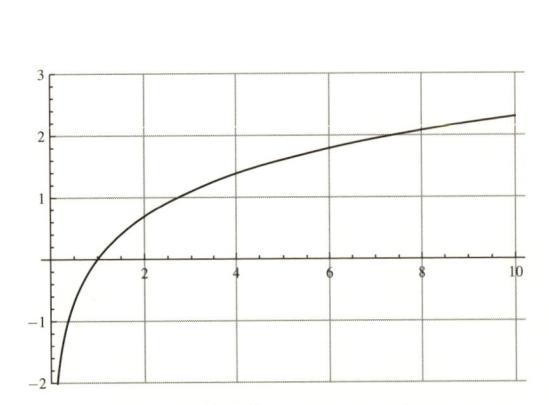

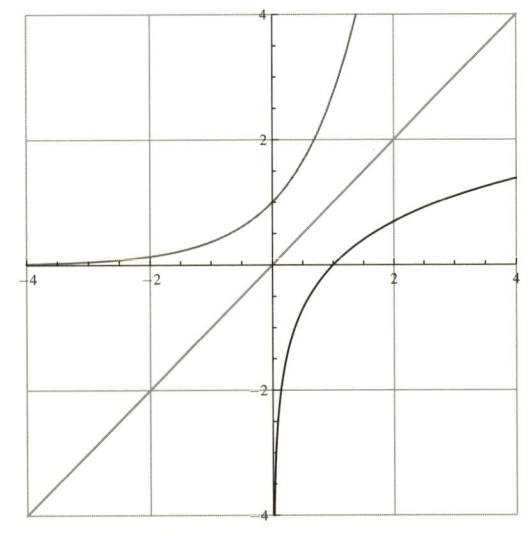

図 8.1 対数関数 $y = \log_e x$ のグラフ

図 8.2 対数関数 $y = \log_e x$ と $y = e^x$ のグラフ

x をどんどん 0 に近づけると，$\log_e x$ はどんどん小さくなっていく．$x = 0$ では値が存在しない．

対数関数 $y = \log_e x$ は，指数関数 $y = e^x$ の逆関数であった．この 2 つを同じ平面に図示したのが図 8.2 である．

指数関数 $y = e^x$ と，対数関数 $y = \log_e x$ のグラフは，直線 $y = x$ について対称になっているのがわかる．これは，$y = e^x$ で x と y を入れ替えたのが $y = \log_e x$ であることによる．

8.3 対数関数の導関数

対数関数の導関数を求めるのには，対数関数が指数関数の逆関数であることを利用する．x の変化した量 Δx に対する y の変化した量を Δy とする．これを Δy が定まると Δx が定まると思ってもよい．「y の，x の変化に対する平均変化率 $\dfrac{\Delta y}{\Delta x}$」と，「$x$ の，y の変化に対する平均変化率 $\dfrac{\Delta x}{\Delta y}$」は次の関係がある．

$$\frac{\Delta x}{\Delta y} = \frac{1}{\frac{\Delta y}{\Delta x}} \tag{8.15}$$

ここで，$\Delta x \to 0$ とすると，$\Delta y \to 0$ となる．このとき，$\dfrac{\Delta y}{\Delta x} \to \dfrac{dy}{dx}$，$\dfrac{\Delta x}{\Delta y} \to \dfrac{dx}{dy}$ となる．よって，式 (8.15) は次のようになる．

$$\frac{dx}{dy} = \frac{1}{\frac{dy}{dx}} \tag{8.16}$$

これを **逆関数の導関数の法則** という．

さっそく対数関数 $y = \log_e x$ の導関数を求めよう．$x = e^y$ であり，$\dfrac{dx}{dy} = e^y$ であるから次のように計算できる．

$$\frac{d(\log_e x)}{dx} = \frac{dy}{dx} = \frac{1}{\frac{dx}{dy}} = \frac{1}{e^y} = \frac{1}{x} \tag{8.17}$$

底が $e = 2.7182\cdots$ 以外の数値の場合の対数関数の導関数は，底を e に変換してから微分すれば求められる．

$$\log_a x = \frac{\log_e x}{\log_e a} \quad \text{より} \quad (\log_a x)' = \frac{1}{x} \times \frac{1}{\log_e a} \tag{8.18}$$

3次関数 $x^3 - 4x^2 + 5x + 4$ と対数関数の合成関数 $y = \log_e(x^3 - 4x^2 + 5x + 4)$ の導関数は次のように求められる．$z = x^3 - 4x^2 + 5x + 4, y = \log_e z$ と分解して，合成関数の導関数についての法則を使う．

$$\frac{dy}{dx} = \frac{dy}{dz} \times \frac{dz}{dx} = \frac{1}{z} \times (3x^2 - 8x + 5) = \frac{3x^2 - 8x + 5}{x^3 - 4x^2 + 5x + 4} \tag{8.19}$$

一般に，$y = \log_e f(x)$ の導関数は $y' = \dfrac{f'(x)}{f(x)}$ となる．特に，$y = \log_e(ax + b)$ の導関数は $y' = \dfrac{a}{ax + b}$ となる．

[例題 2]
4次関数 $x^4 + 5x^3 - x^2$ と対数関数 $\log_e x$ の積 $y = f(x) = (x^4 + 5x^3 - x^2)\log_e x$ の導関数について以下の問に答えよ．
(1) 導関数 $y' = f'(x)$ を求めよ．
(2) $x = 1$ における微分係数 $f'(1)$ の値を求めよ．
  [解] (1) 積の導関数の法則により次のように計算できる．

$$y' = f'(x) = (4x^3 + 15x^2 - 2x) \times \log_e x + (x^4 + 5x^3 - x^2) \times \frac{1}{x} \tag{8.20}$$

(2) $f'(1) = 3$

ここで指数関数 $y = a^x$ の導関数を求めておこう．対数の底は自由に変えられたと同じように，a^x も好きな数 b を使って $b^\square$ と表せる．ここでは $e = 2.7182\cdots$ を使って，$a^x = e^\square$ と表そう．

$\bigcirc = e^\square$ と置いてみると，$\square = \log_e \bigcirc$ となる．$\bigcirc$ に a^x を入れれば，$\square = \log_e a^x = x \times \log_e a$ となる．したがって次の式が成り立つ．

$$a^x = e^{x \log_e a} \tag{8.21}$$

e^{kx} の導関数は ke^{kx} であるから，$k = \log_e a$ として次のように導関数が求められる．

$$(a^x)' = (e^{(\log_e a)x})' = (\log_e a)e^{(\log_e a)x} = a^x \log_e a \tag{8.22}$$

たとえば $(10^x)' = 10^x \log_e 10$ となる．

8.4 対数微分法

関数 $y = x^3$ の導関数は $y' = 3x^2$ であり，関数 $y = 3^x$ の導関数は $y' = 3^x \log_e x$ である．見かけは似ているようではあるが，導関数を求めるのは全く異なる計算になる．

ここで関数 $y = x^{x^3 + x^2}$ の導関数を求めてみよう．両辺を対数の真数の中に入れた式を作る．これを「両辺の対数をとる」という．

$$\log_e y = \log_e x^{x^3 + x^2} = (x^3 + x^2)\log_e x \tag{8.23}$$

ここで両辺とも x で微分する．右辺は積の導関数の法則により，$(3x^2 + 2x)\log_e x + (x^3 + x^2) \times \dfrac{1}{x} = (3x^2 + 2x)\log_e x + x^2 + x$ となる．

左辺の微分がはじめはわかりにくいが，$x \to y \to \log_e y$ という合成関数であることに注意して，次のように計算する．

$$\frac{d(\log_e y)}{dx} = \frac{d(\log_y)}{dy} \times \frac{dy}{dx} = \frac{1}{y} \times \frac{dy}{dx} \tag{8.24}$$

まとめて次の式が得られる．

$$\frac{1}{y} \times \frac{dy}{dx} = (3x^2 + 2x)\log_e x + x^2 + x \tag{8.25}$$

$$\begin{aligned}\frac{dy}{dx} &= y \times \{(3x^2 + 2x)\log_e x + x^2 + x\} \\ &= e^{x^3+x^2}\{(3x^2 + 2x)\log_e x + x^2 + x\}\end{aligned} \tag{8.26}$$

このように，対数をとってから微分しもとの導関数を求める方法を **対数微分法** という．

[例題 2]

関数 $y = (x^2 + 3x)^7(x^3 - 5)^3(2x + 7)^2$ について次の問に答えよ．

(1) 対数微分法により，導関数を求めよ．
(2) $x = 0$ における微分係数 $f'(0)$ の値を求めよ．

[解] (1) 両辺の対数をとって，微分すると次のようになる．

$$\begin{aligned}\log_e y &= \log_e (x^2 + 3x)^7(x^3 - 5)^3(2x + 7)^2 \\ &= 7\log_e(x^2 + 3x) + 3\log_e(x^3 - 5) + 2\log_e(2x + 7)\end{aligned} \tag{8.27}$$

$$\frac{1}{y} \times \frac{dy}{dx} = 7 \times \frac{2x + 3}{x^2 + 3x} + 3 \times \frac{3x^2}{x^3 - 5} + 2 \times \frac{2}{2x + 7} \tag{8.28}$$

$$\frac{dy}{dx} = (x^2 + 3x)^7(x^3 - 5)^3(2x + 7)^2 \left\{\frac{7(2x + 3)}{x^2 + 3x} + \frac{9x^2}{x^3 - 5} + \frac{4}{2x + 7}\right\} \tag{8.29}$$

(2) そのまま 0 を代入すると分母に 0 がくるので，一度展開してから 0 を代入すると $f'(0) = 0$ が得られる．

今まで $y = x^n$ の導関数は $y' = nx^{n-1}$ としてきたが，n は，0, 1, 2, 3, $\cdots$ という整数であった．ところが，対数微分法を用いると，n は分数でも小数で成り立つことがわかる．すなわちすべての実数 k について，$(x^k)' = kx^{k-1}$ が成り立つことがわかる．

$y = x^k$ の対数をとって，$\log_e y = \log_e x^k = k\log_e x$ となる．両辺を x で微分して次のようになる．

$$\frac{1}{y} \times \frac{dy}{dx} = k \times \frac{1}{x} \tag{8.30}$$

$$\frac{dy}{dx} = y \times k \times \frac{1}{x} = kx^k \times \frac{1}{x} = kx^{k-1} \tag{8.31}$$

$y = \sqrt{x} = x^{\frac{1}{2}}$ の導関数は，$k = \dfrac{1}{2}$ として，次のように求められる．

$$y' = \frac{1}{2}x^{\frac{1}{2} - 1} = \frac{1}{2}x^{-\frac{1}{2}} = \frac{1}{2\sqrt{x}} \tag{8.32}$$

$y = \dfrac{1}{x^3} = x^{-3}$ の導関数は,$k = -3$ として,次のように求められる.

$$y' = -3x^{-3-1} = -3x^{-4} = -\dfrac{3}{x^4} \tag{8.33}$$

$y = \sqrt{x^2 + 2x + 5} = (x^2 + 2x + 5)^{\frac{1}{2}}$ の導関数は $z = x^2 + 2x + 5$, $y = \sqrt{z}$ と分解し,次のように計算できる.

$$\dfrac{dy}{dx} = \dfrac{dy}{dz} \times \dfrac{dz}{dx} = \dfrac{1}{2}\dfrac{1}{\sqrt{z}} \times (2x + 2) = \dfrac{x+1}{\sqrt{x^2 + 2x + 5}} \tag{8.34}$$

$y = \dfrac{1}{(x^2 + 5x + 4)^3}$ の導関数は,$z = x^2 + 5x + 4$, $y = \dfrac{1}{z^3}$ と分解して次のように計算できる.

$$\dfrac{dy}{dx} = \dfrac{dy}{dz}\dfrac{dz}{dx} = -\dfrac{3}{z^4} \times (2x + 5) = -\dfrac{3(2x+5)}{(x^2 + 5x + 4)^4} \tag{8.35}$$

第8章 演習問題

(1) 関数 $y = f(x) = 2x^4 + 5x^2 + 3\log_e(2x + 5)$ について以下の問に答えよ.
  (a) 導関数 $y' = f'(x)$ をめよ.
  (b) 導関数 $y' = f'(x)$ を求めよ.
  (c) 微分係数 $f'(1), f'(2), f'(3), \cdots, f'(9), f'(10)$ を求めよ.

(2) 関数 $y = f(x) = (3x^2 + 7x + 2)\log_e(2x + 5)$ について以下の問に答えよ.
  (a) 導関数 $y' = f'(x)$ を求めよ.
  (b) 導関数 $y' = f'(x)$ を求めよ.
  (c) (b) で求めた導関数の式を,整理して簡単にせよ.
  (d) 微分係数 $f'(0.01), f'(0.1)$ を求めよ.

(3) 関数 $y = f(x) = \log_e(x^3 - 5x^2 + 3x + 7)$ について以下の問に答えよ.
  (a) 関数 $f(x)$ を 2 つに分解して表せ.$x \longrightarrow z, z \longrightarrow y$
  (b) 導関数 $y' = f'(x)$ を求めよ.
  (c) 導関数 $y' = f'(x)$ を求めよ.
  (d) 微分係数 $f'(0.1), f'(0.2), f'(1)$ を求めよ.

(4) 関数 $y = f(x) = \log_2(x) + \log_3 x + \log_{10} x + 2^x + 3^x + 10^x$ について以下の問に答えよ.
  (a) 導関数 $y' = f'(x)$ を求めよ.
  (b) 導関数 $y' = f'(x)$ を求めよ.

(5) 関数 $y = x^x$ について以下の問に答えよ.
  (a) 導関数 $y' = f'(x)$ を求めよ.
  (b) 導関数 $y' = f'(x)$ を求めよ.

(6) 関数 $y = x^{\frac{1}{2}} + x^{\frac{1}{3}} + x^{\frac{1}{4}} + \dfrac{1}{x^2} + \dfrac{1}{x^3} + \dfrac{1}{x^4}$ について以下の問に答えよ.
  (a) 導関数 $y' = f'(x)$ を求めよ.
  (b) 導関数 $y' = f'(x)$ を求めよ.

第9章 三角関数とその導関数

9.1 三角関数

弧度法

自然科学にも社会科学にも，周期的な変動をする量は多い．そのような変化を表すには三角関数が便利である．

角の大きさを表すのに，小学校以来学んだ $30°$, $60°$ といった，度で表す方法以外に，次の方法が合理的であり，微積分をする際には是非必要である．

半径の長さ 1 cm の単位円において，角の大きさと弧の長さは比例している．図のように弧の長さの数値，t をそのまま角の数値にする．角の大きさを対応する弧の長さで表す．

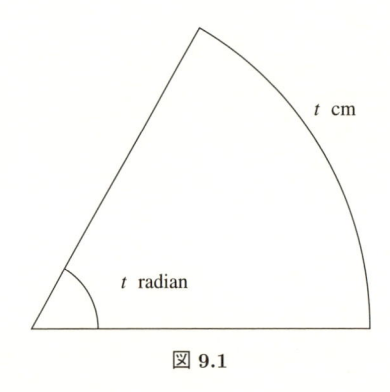

図 9.1

図ような角の表し方を **弧度法** という．

単位円の弧の長さが 0.3 cm に対応する角は 0.3 ラジアン (radian) という．角が 2.7 ラジアンのときの弧の長さは 2.7 cm となる．$180°$ のときの弧の長さは，円周の長さ 2π の半分で $\pi = 3.1415\cdots$ ラジアンとなる．

$1°$ はこれを 180 で割って，$1° = \dfrac{\pi}{180}$ となる．したがって，$t° = \left(t \times \dfrac{\pi}{180}\right)°$ となる．

逆に，1 ラジアンは $\dfrac{180}{\pi}$ となり，t ラジアン $= t \times \dfrac{180}{\pi}$ となる．ラジアンと度の関係を表にしておくと次のようになる．

表 9.1 ラジアンと度の関係

ラジアン	0	$\frac{\pi}{180}$	1	$\frac{\pi}{2}$	π	$\frac{3}{2}\pi$	2π
度	$0°$	$1°$	$\left(\frac{180}{\pi}\right)°$	$90°$	$180°$	$270°$	$360°$

$\dfrac{\pi}{180}$ をかけたり，この数で割ったりして，弧度法と度の変換ができる．コンピュータで扱う角も基本的に弧度法であるから，度を使いたいときは $\dfrac{\pi}{180}$ をかけて弧度法に直す必要がある．

$30°$ は $30 \times \dfrac{\pi}{180}$ と入力すれば弧度法になる．今後，° が付いていないときは角は弧度法で表しているとする．

三角関数は，単位円の円周上を一定の速さで回る点の運動を記述することからはじまる．図のような大きな観覧車に乗った気分になればよい．

図 9.2

観覧車を紙の上に再現していると考え，半径 1 の単位円周上を点が回っていて，その点の x 座標と，y 座標の値の変化に注目する．角度は弧度法で表してある．点が，第 1 象限，第 2 象限，第 3 象限，第 4 象限と移動していくと，x 座標と y 座標の値の正負が変化していく様子がわかるだろう．

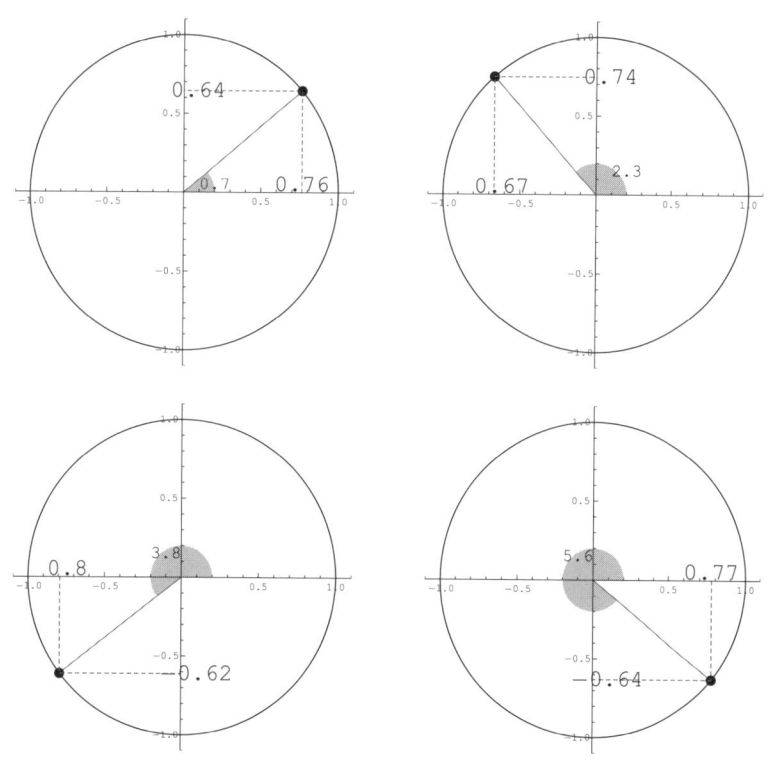

図 9.3

角の大きさ t を決めると円周上の点 P (x,y) が定まる．動く半径 OP を **動径** という．x, y は t によって定まる関数である．x 座標を コサイン，y 座標を サインとよび次のように表す．

$$\begin{cases} x = \cos t \\ y = \sin t \end{cases} \tag{9.1}$$

サイン $\sin t$ とコサイン $\cos t$ をもとにして，いろいろな三角関数が定められる．動径 OP の傾きは次のように表され，角 t のタンジェントと呼ばれ，$\tan t$ で表す．

$$\text{OP の傾き} = \frac{y}{x} = \frac{\sin t}{\cos t} = \tan t \tag{9.2}$$

また，タンジェント $\tan t$ の逆数をコタンジェントと呼び，$\cot t$ で表す．

$$\cot t = \frac{1}{\tan t} = \frac{\cos t}{\sin t} \tag{9.3}$$

このほか，$\sin t$ の逆数はコセカントといい $\operatorname{cosec} t$ または $\csc t$ で表し，$\cos t$ の逆数はセカントといい $\sec t$ で表す．

9.2 三角関数の性質とグラフ

$y = \sin t$ のグラフというのは，横軸に t (弧度法の) 角度を取り，縦軸に $\sin t$ の値をとる．グラフができていく様子を表す次の図をみればよくわかるだろう．

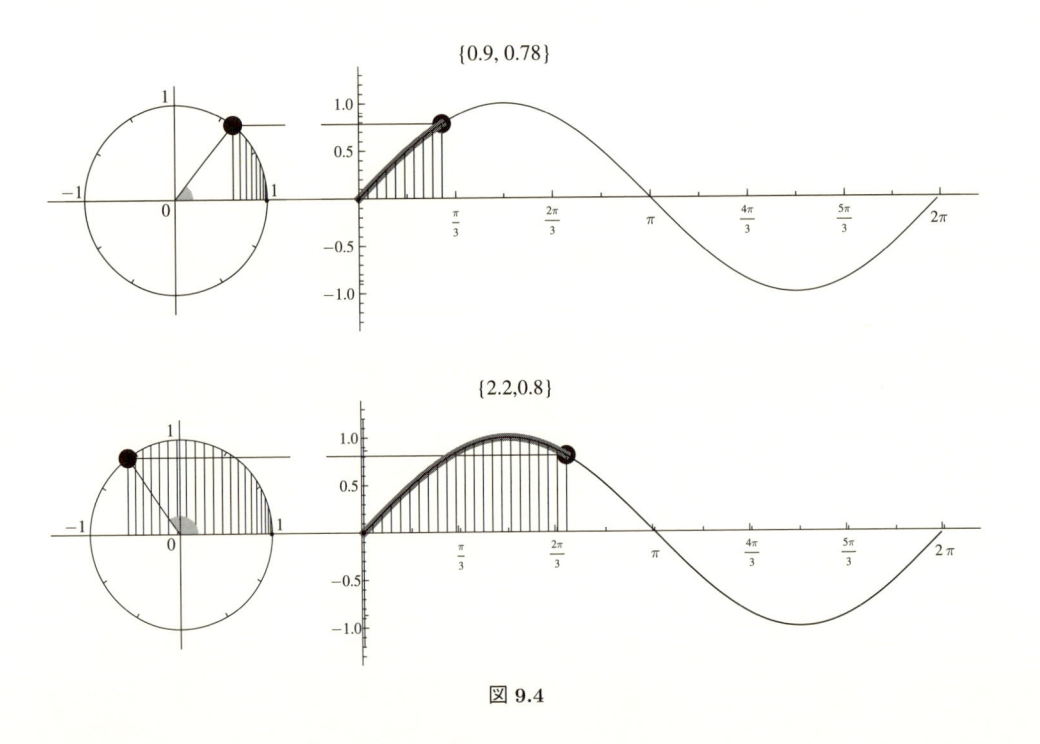

図 **9.4**

パソコンを活用すれば，これらの変化をアニメーションで見ることができるので便利である．
$x = \cos t$ のグラフは次の原理で描かれる．
縦と横を反対にして描くと次のようになる．

$\{3.9, -0.69\}$

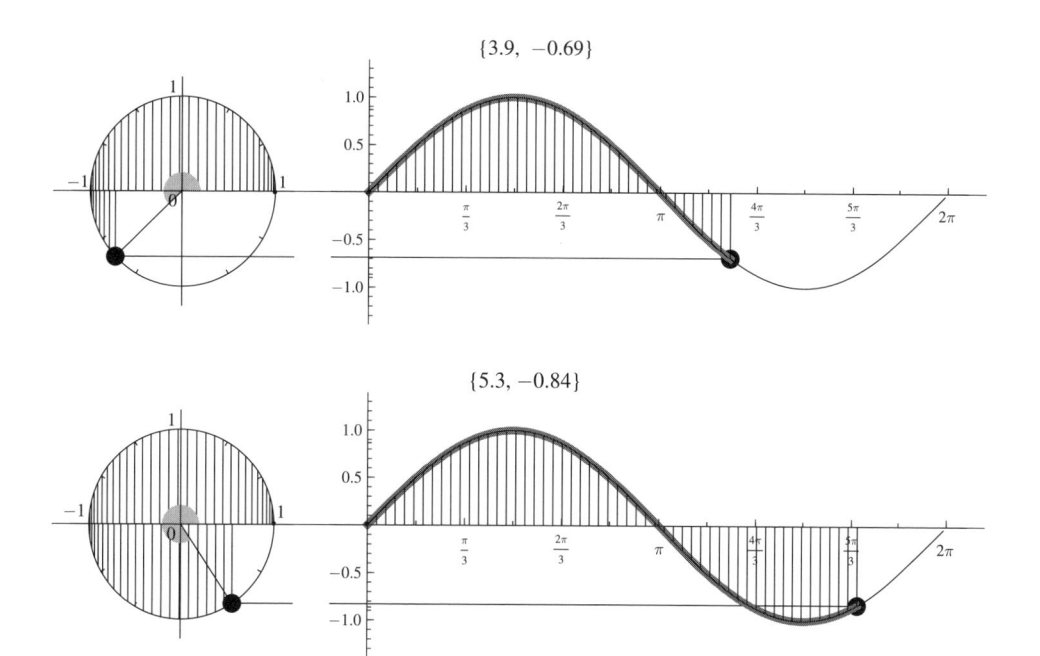

$\{5.3, -0.84\}$

図 9.5

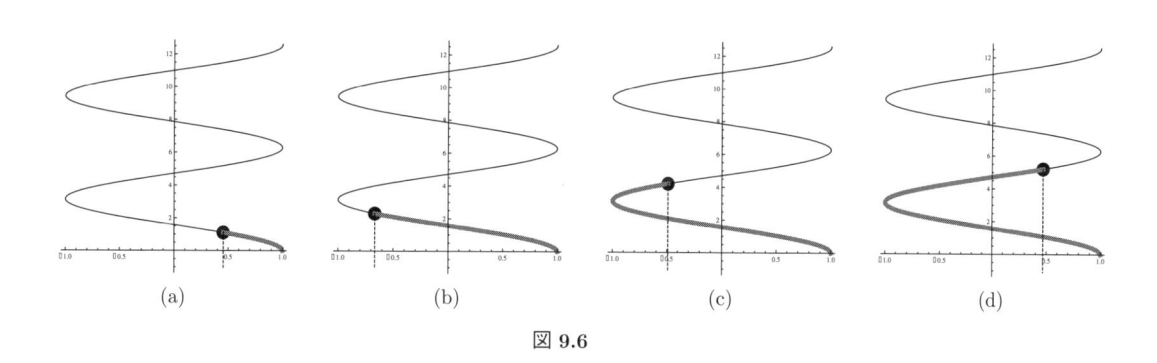

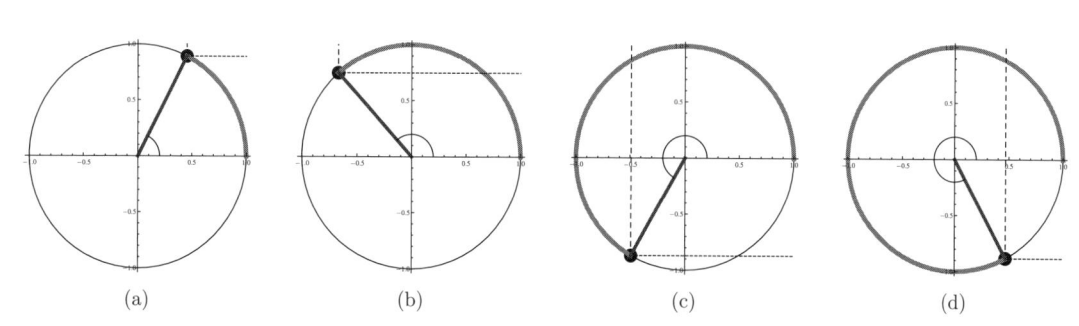

(a) (b) (c) (d)

図 9.6

(a) (b) (c) (d)

図 9.7

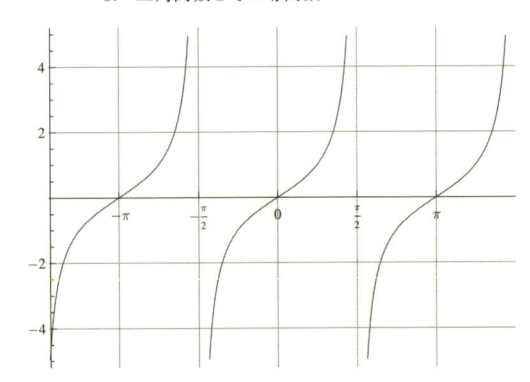

図 9.8　$x = \tan t$ のグラフ

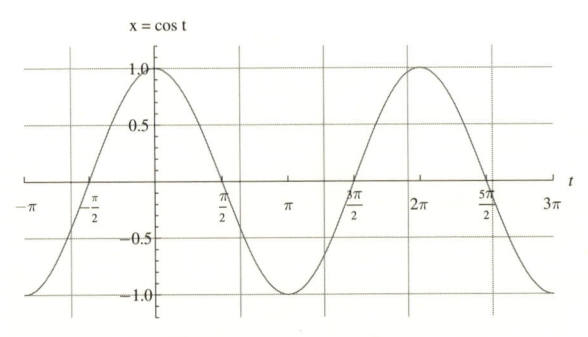

図 9.9　$x = \cos t$ のグラフ

$\tan t$ は $t = \dfrac{\pi}{2}$ の整数倍のところで無限大になってしまいグラフが描けない．少し狭い範囲ごとに描いておき，それを同時に図示すると描けるようになる．

これらのグラフから三角関数のいろいろな性質が得られる．$\cos t$ のグラフを，$t = \dfrac{\pi}{2}$ (90° だけ右にずらすと $\sin t$ のグラフと重なるので，$\cos\left(t - \dfrac{\pi}{2}\right) = \sin t$ となる．同様に，$\sin\left(t - \dfrac{\pi}{2}\right) = \cos t$ となる．$y = \sin t$ のグラフは原点について対称なので，$\sin(-t) = -\sin t$ となり，$\cos t$ は原点について対称なので，$\cos(-t) = \cos t$ となる．

$\sin t$ と $\cos t$ は斜辺が 1 の直角三角形の 2 辺であるからピタゴラスの定理から次の式が成り立つ．

$$(\sin t)^2 + (\cos t)^2 = 1 \qquad (\sin^2 t + \cos^2 t = 1 \text{ とも書く}) \tag{9.4}$$

9.3　三角関数の導関数

$y = f(t) = \sin t$ の導関数を求めよう．はじめに x から $x + h$ までの間の平均変化率を求める．

$$\begin{aligned}
\frac{f(t+h) - f(t)}{h} &= \frac{\sin(t+h) - \sin t}{h} \\
&= \frac{2 \cos\left(t + \frac{h}{2}\right) \sin\left(\frac{h}{2}\right)}{h} \\
&= \cos\left(t + \frac{h}{2}\right) \times \frac{\sin\left(\frac{h}{2}\right)}{\frac{h}{2}}
\end{aligned} \tag{9.5}$$

式 (9.5) の変形は次のような三角関数の和や差を積に直す公式を使っている．

9.3 三角関数の導関数

$$\sin\alpha + \sin\beta = 2\sin\frac{\alpha+\beta}{2}\cos\frac{\alpha-\beta}{2} \tag{9.6}$$

$$\sin\alpha - \sin\beta = 2\cos\frac{\alpha+\beta}{2}\sin\frac{\alpha-\beta}{2} \tag{9.7}$$

$$\cos\alpha + \cos\beta = 2\cos\frac{\alpha+\beta}{2}\cos\frac{\alpha-\beta}{2} \tag{9.8}$$

$$\cos\alpha - \cos\beta = -2\sin\frac{\alpha+\beta}{2}\sin\frac{\alpha-\beta}{2} \tag{9.9}$$

これらの公式は次の加法定理を足したり引いたりして得られるが，ここでは省略する．

$$\sin(\alpha+\beta) = \sin\alpha\cos\beta + \cos\alpha\sin\beta \tag{9.10}$$

$$\sin(\alpha-\beta) = \sin\alpha\cos\beta - \cos\alpha\sin\beta \tag{9.11}$$

$$\cos(\alpha+\beta) = \cos\alpha\cos\beta - \sin\alpha\sin\beta \tag{9.12}$$

$$\cos(\alpha-\beta) = \cos\alpha\cos\beta + \sin\alpha\sin\beta \tag{9.13}$$

さて，導関数の計算に戻り，次の極限値を調べればよい．$\frac{h}{2}$ を小さくするのも，h を小さくするのも同じである．

$$\lim_{h\to 0}\frac{\sin h}{h} = 1 \tag{9.14}$$

次のように h の値を小さくしていったときの $\frac{\sin h}{h}$ の値を求めてみよう．有効数字に指定を 40 桁としてみる．

$$h = \frac{1}{10},\quad \frac{1}{100},\quad \frac{1}{1000},\quad \cdots,\quad \frac{1}{10^n},\quad \cdots,\quad \frac{1}{10^{20}}$$

```
{0.9983341664682815230681419841062202698992,
 0.9999833334166664682542438269099729038964,
 0.9999998333333416666664682539710097001513,
 0.9999999983333333341666666664682539682815,
 0.9999999999833333333334166666666664682540,
 0.9999999999998333333333333416666666666665,
 0.9999999999999983333333333333341666666667,
 0.9999999999999999833333333333333334166667,
 0.9999999999999999998333333333333333333417,
 0.9999999999999999999983333333333333333333,
 0.9999999999999999999999833333333333333333,
 0.9999999999999999999999998333333333333333,
 0.9999999999999999999999999983333333333333,
 0.9999999999999999999999999999833333333333,
 0.9999999999999999999999999999998333333333,
 0.9999999999999999999999999999999983333333,
 0.9999999999999999999999999999999999833333,
 0.9999999999999999999999999999999999998333,
 0.9999999999999999999999999999999999999983, 1.}
```

次第に 1 に近くなっていくようすがわかろう．

もちろん数学的にも示せるがここでは省略する．

この結果から，式 (9.5) において $h \to 0$ とした極限が $\cos t$ となり，$\sin$ の導関数が $\cos$ であることがわかる．また，$\cos t$ の導関数についても同じように計算でき，$-\sin t$ となる．こちらの方はマイナスが付くので注意が必要である．

$$(\sin t)' = \cos t, \qquad (\cos t)' = -\sin t \tag{9.15}$$

$y = \tan x = \dfrac{\sin x}{\sin x}$ の導関数は商の導関数の法則を用い次のように計算できる．

$$\begin{aligned}\left(\frac{\sin x}{\cos x}\right)' &= \frac{(\sin x)'(\cos x) - (\sin x)(\cos x)'}{(\cos x)^2} \\ &= \frac{(\cos x)^2 + (\sin x)^2}{(\cos x)^2} \\ &= \frac{1}{(\cos x)^2} = \sec^2 x\end{aligned} \tag{9.16}$$

[例題 1]

次の関数の導関数を求めよ．また，$t = 0$ のときの微分係数を求めよ．

$$y = f(t) = \sin(t^2 - 7t + 5)$$

[解] $z = t^2 - 7t + 5)$, $y = \sin z$ と分解して合成関数の微分法則を使う．

$$\begin{aligned}\frac{dy}{dt} &= \frac{dy}{dz} \times \frac{dz}{dt} = (\cos z) \times (2t - 7) \\ &= (2t - 7)\cos(t^2 - 7t + 5)\end{aligned} \tag{9.17}$$

$$f'(0) = -7 \times \cos 5 = -7 \times 0.283662 = -1.98564 \tag{9.18}$$

[例題 2]

次の関数の導関数を求めよ．また，$x = 0$ のときの微分係数を求めよ．

$$y = f(x) = (x^2 + 5x - 1)\cos x \tag{9.19}$$

[解] 積の導関数についての法則を使って次のように計算する．

$$\begin{aligned}f'(x) &= (x^2 + 5x - 1)'\cos x + (x^2 + 5x - 1)(\cos x)' \\ &= (2x + 5)\cos x - (x^2 + 5x - 1)\sin x\end{aligned} \tag{9.20}$$

$$f'(0) = 5 \times \cos 0 - (-1) \times 0 = 5 \tag{9.21}$$

9.4 いろいろな三角関数

周期的に変動しながら単調に増加していく例として次の関数がある.

$$y = f(x) = 0.7x + \sin x \tag{9.22}$$

$0 \leq x \leq 40$ の範囲でグラフを描いてみよう. はじめに $y = 0.7x$ と $y = \sin x$ を点線で描き, 次にそれをたしたグラフとして描いてみよう.

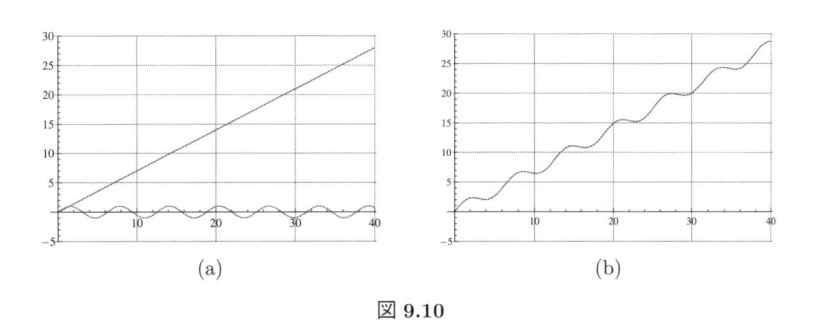

図 9.10

1 次式の係数 0.7 をいろいろ変えて, $y = ax + \sin x$ を調べるとおもしろい.

a の値が小さいうちは極大値・極小値があるが, a の値が大きくなると極値がなくなってくる. $y = ax + \sin x$ を微分すると $y' = a + \cos x$ となる. $0 < a < 1$ の値に対しては $\cos x = -a$ となる x で導関数の符号が変わり極値がある. しかし, $a \leq 1$ の a に対しては $y' = a + \cos x \leq 0$ となり導関数の符号が変化しないので極値がない.

今度は 2 次関数 $y = ax^2$ と三角関数との和 $y = ax^2 + \sin x$ を調べよう. 導関数は $y' = 2ax + \cos x$ となるので, 今度は同じ a の値に対しても, x の値の大きい部分で極値

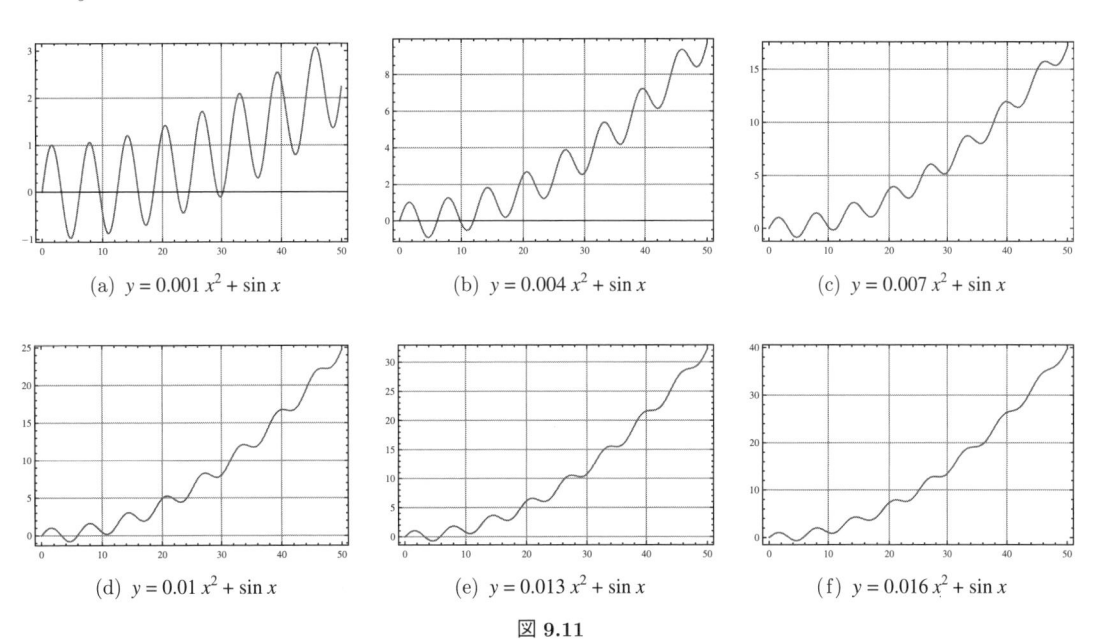

(a) $y = 0.001\,x^2 + \sin x$
(b) $y = 0.004\,x^2 + \sin x$
(c) $y = 0.007\,x^2 + \sin x$
(d) $y = 0.01\,x^2 + \sin x$
(e) $y = 0.013\,x^2 + \sin x$
(f) $y = 0.016\,x^2 + \sin x$

図 9.11

がなくなる．境目は $2ax = 1$ より $x = \dfrac{1}{2a}$ である．

$a = 0.001$ から $a = 0.016$ まで，0.003 刻みにとった a の値に対してグラフを描いてみよう．x の範囲は $0 \leq x \leq 50$ とする．

$y = a \sin bx$ が1まわりするのは $bx = 2\pi$ となるときである．このときの x の値 $\dfrac{2\pi}{b}$ は **周期** と呼ばれる．同じ区間では b の値が大きいと何回も繰り返しが起きる．周期の逆数 $n = \dfrac{b}{2\pi}$ が **振動数** と呼ばれる．

$y = a \sin bx$ は，$-1 \leq \sin x \leq 1$ より，$-a \leq y \leq a$ となる．a の値は y の振動する幅を与え，**振幅** と呼ばれる．

ここでは振幅が x とともに変わり，関数が2次関数 x^2 と $\sin bx$ の積となる関数のグラフを考えよう．

$b = 5$ から $b = 30$ まで5刻みに変えてみよう．グラフの範囲は $0 \leq x \leq 5$ とする．

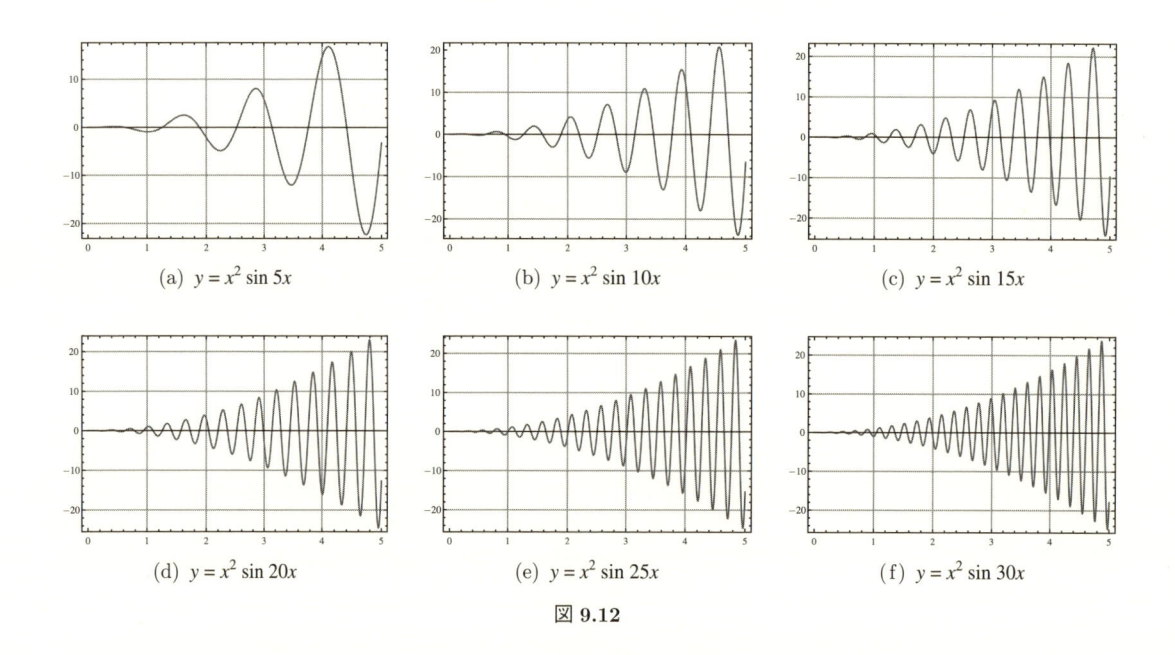

(a) $y = x^2 \sin 5x$ (b) $y = x^2 \sin 10x$ (c) $y = x^2 \sin 15x$

(d) $y = x^2 \sin 20x$ (e) $y = x^2 \sin 25x$ (f) $y = x^2 \sin 30x$

図 **9.12**

さらに，振幅自身が三角関数の場合を調べる．次の関数のグラフを描こう．

$$y = \cos x \sin bx \ (0 \leq x \leq 10), b = 5,\ 10,\ 15,\ 20,\ 25,\ 30$$

振動数がわずかに異なる音を加えて合成すると「うなり」を生じる．振動数 502 の音の波は $y = \sin(2\pi \times 502t)$ と表せる．振動数 500 の波は $y = \sin(2\pi \times 500t)$ である．この2つの波を加えると次のように計算できる．

$$\begin{aligned}
\sin(2\pi \times 502t) + \sin(2\pi \times 500t) &= 2\sin(2\pi \times 501t) \times \cos(2\pi \times t) \\
&= \cos(2\pi t) \sin(2\pi \times 501t)
\end{aligned} \tag{9.23}$$

音を出すシステムを持ったコンピュータがあれば実際に音を出すことができる．

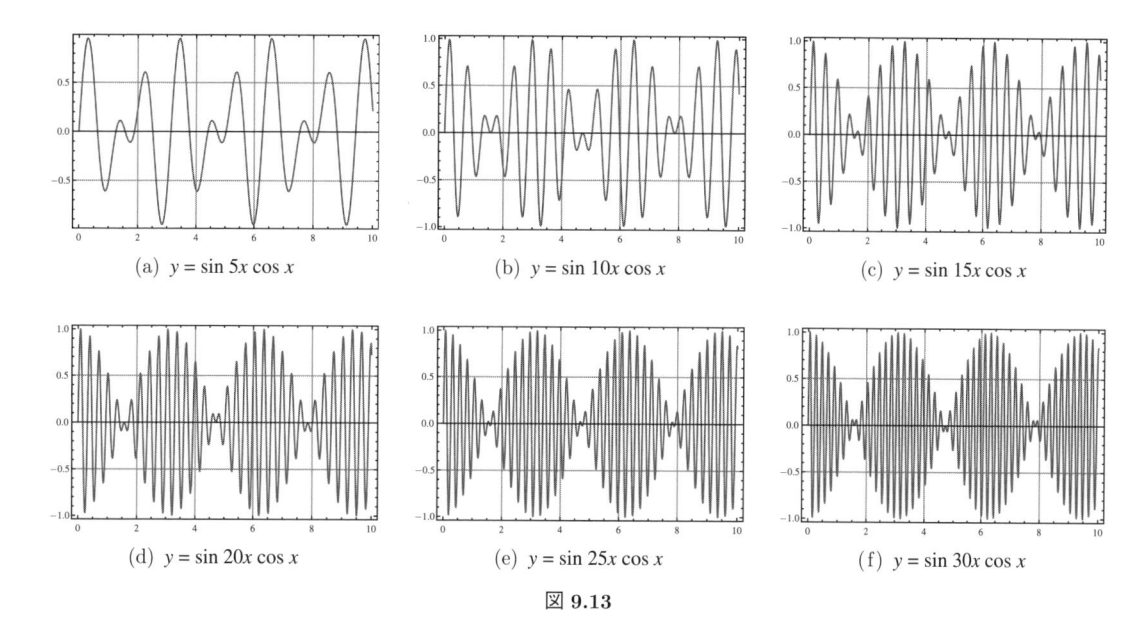

(a) $y = \sin 5x \cos x$
(b) $y = \sin 10x \cos x$
(c) $y = \sin 15x \cos x$
(d) $y = \sin 20x \cos x$
(e) $y = \sin 25x \cos x$
(f) $y = \sin 30x \cos x$

図 9.13

9.5 逆三角関数とその導関数

三角関数 $y = \sin t$ は，角の大きさ t を与えたときの単位円上の点の y 座標を与える法則である．逆に，y 座標を与えて角を求める法則は，逆の法則で逆関数になる．

三角関数は周期関数であるから 1 つの y の値に対して $y = \sin t$ となる t はたくさんある．そこで，逆関数を考えるときには t の値を，$-\dfrac{\pi}{2} \leq t \leq \dfrac{\pi}{2}$, $-1 \leq y \leq 1$ の範囲で扱う．この範囲だけで考えれば y の値に対して t の値は 1 つだけに定まる．この範囲の値を **主値** という．この逆関数を $t = \arcsin y$ と書く．

$$y = \sin t \iff t = \arcsin y \tag{9.24}$$

$t = \arcsin y$ のグラフは次の左側のグラフである．

$x = \cos t$ の逆関数 $t = \arccos x$ も，$-1 \leq x \leq 1, 0 \leq t \leq \pi$ の範囲で定められる．

$$x = \cos t \iff t = \arccos x \tag{9.25}$$

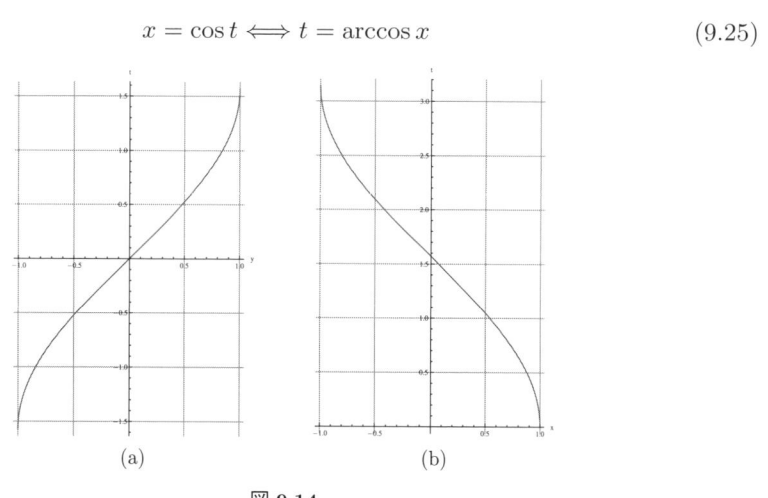

(a) (b)

図 9.14

$x = \cos t$ のグラフは上の右の図である．

横軸と縦軸を逆にみればサインやコサインのグラフになっている．

次に逆三角関数の導関数を求めよう．$t = \arcsin y$ は $y = \sin t$ と同じことであるから，次のように計算できる．

$$(\arcsin y)' = \frac{dt}{dy} = \frac{1}{\frac{dy}{dt}}$$
$$= \frac{1}{\cos t} = \frac{1}{\sqrt{1 - (\sin t)^2}} \tag{9.26}$$

関数を表す文字は自由なので x で表すと次の公式が得られる．

$$y = \arcsin x \quad \text{のとき} \quad (\arcsin x)' = \frac{1}{\sqrt{1 - x^2}} \quad (-1 < x < 1) \tag{9.27}$$

同様にコサインの逆関数の導関数も次のように求められる．

$$y = \arccos x \quad \text{のとき} \quad (\arccos x)' = \frac{-1}{\sqrt{1 - x^2}} \quad (-1 < x < 1) \tag{9.28}$$

9.6 三角関数と指数関数の関係

三角関数と指数関数はあまり関係がないように見えるかも知れないが，実は次の関係で結ばれている．

$$e^{i\theta} = \cos \theta + i \sin \theta \tag{9.29}$$

ただし，$i = \sqrt{-1}$ は $i^2 = -1$ となる虚数単位である．本書では基本的に複素数の微積分は扱わないので，このページは気楽に読むだけでよいし，複素数を知らない人はとばしてもよい．上の公式は **オイラーの公式** と呼ばれる．

e がでてきた連続的複利の計算式から e^x は次のように表せる．

$$\lim_{n \to \infty} \left(1 + \frac{x}{n}\right)^n = \lim_{n \to \infty} \left(1 + \frac{1}{\frac{n}{x}}\right)^{\frac{n}{x} \times x}$$
$$= \lim_{m \to \infty} \left(\left(1 + \frac{1}{m}\right)^m\right)^x = e^x \tag{9.30}$$

この式で x のところを $i\theta$ として $e^{i\theta}$ を次のように定める．

$$e^{i\theta} = \lim_{n \to \infty} \left(1 + \frac{i\theta}{n}\right)^n \tag{9.31}$$

$\left(1 + \frac{i\theta}{n}\right)^n$ の偏角を調べて次の不等式が得られる (証明は省略する)．

$$\frac{\theta}{\sqrt{1 + \frac{\theta^2}{n^2}}} < \arg\left(1 + \frac{i\theta}{n}\right)^n < \theta \tag{9.32}$$

ここで $n \to \infty$ とすると，左辺も θ に近くなるので次のように極限は θ となる．

$$\lim_{n \to \infty} \arg\left(1 + \frac{i\theta}{n}\right)^n = \theta \tag{9.33}$$

また絶対値についても次の不等式が得られる．(証明は省略する)

$$1 < \left|\left(1 + \frac{i\theta}{n}\right)\right| < \frac{1}{1 - \frac{\theta^2}{n}} \tag{9.34}$$

したがって，$n \to \infty$ のとき絶対値は 1 に近づく．

$$\lim_{n \to \infty} \left|\left(1 + \frac{i\theta}{n}\right)\right| = 1 \tag{9.35}$$

偏角が θ で，絶対値が 1 の複素数は $\cos\theta + i\sin\theta$ と表せるので，オイラーの公式が得られる．また，$e^{i\theta}$ の導関数は次のように求められる．

$$\begin{aligned}(e^{i\theta})' &= (\cos\theta + i\sin\theta)' \\ &= -\sin\theta + i\cos\theta \\ &= i(\cos\theta + i\sin\theta) = ie^{i\theta}\end{aligned} \tag{9.36}$$

この結果は，複素数の場合も $(e^{i\theta})' = ie^{i\theta}$ となり実数の計算と同じであることがわかる．さらに次のように変形することもできる．

$$\begin{aligned}(e^{i\theta})' &= \cos\left(\theta + \frac{\pi}{2}\right) + i\sin\left(\theta + \frac{\pi}{2}\right) \\ &= e^{i(\theta + \frac{\pi}{2})}\end{aligned} \tag{9.37}$$

これは，微分すると動径 $(e^{i\theta})$ と直交する接線のベクトル (複素数) となることを表している．

第 9 章　演習問題

(1) 関数 $y = f(x) = 2x^3 + 4x + 3\sin x + 5\cos x$ について以下の問に答えよ．
  (a) 導関数 $y' = f'(x)$ を求めよ．
  (b) 微分係数 $f'(1), f'(2), f'(3), \cdots, f'(9), f'(10)$ を求めよ．
(2) 関数 $y = f(x) = (\sin x) \times (\cos x)$ について以下の問に答えよ．
  (a) 導関数 $y' = f'(x)$ を求めよ．
  (b) (a) で求めた導関数の式を，整理して簡単にせよ．
  (c) 微分係数 $f'(0.01), f'(0.02), f'(0.03), \cdots, f'(0.09), f'(0.1)$ を求めよ．
(3) 関数 $y = f(x) = \sin(x^4 - 3x^2 + 5x + 6)$ について以下の問に答えよ．
  (a) 関数 f を 2 つに分解して表せ．$x \longrightarrow z, z \longrightarrow y$
  (b) 導関数 $y' = f'(x)$ を求めよ．
  (c) 微分係数 $f'(0.1), f'(0.2), f'(0.3), \cdots, f'(0.9), f'(1)$ を求めよ．
(4) 関数 $y = f(x) = \sin 2x + \sin 3x + \sin 4x + \cos 2x + \cos 3x + \cos 4x$ について導関数 $y' = f'(x)$ を求めよ．
(5) 関数 $y = 4\arcsin 5x + 3\arccos 4x$ について導関数 $y' = f'(x)$ を求めよ．
(6) 関数 $y = e^{0.1x}\sin(2x + 3)$ について導関数 $y' = f'(x)$ を求めよ．

第II部 多変数の微分積分

第10章 偏微分と偏導関数

10.1 多変数関数

自然界にあるいろいろな量も，社会にあるいろいろな量も，ある量が他の1つの量だけからその値が定まっているという場合はめったにない．ある1つの量が他の2つ，3つ，あるいは多数の量から複雑な関係で結ばれていることが多い．

諸科学や日常生活における具体的な例を表10.1にいくつかあげておく．

表10.1 2変量の関数

z	x	y
生産量	資本量	労働量
利潤	資本量	労働量
効用	財Aの消費量	財Bの消費量
輸入数量	日本の国民所得	A国の財の相対価格
コーヒーの温度	外気との温度差	時間

今までの関数のようにxが決まればyはきちんと定まる関数を1変数の関数といい，たくさんの変数から定まる関数を **多変数関数** という．

関数の機能をわかりやすく示すのが次のような図で，ブラックボックスと呼ばれる．

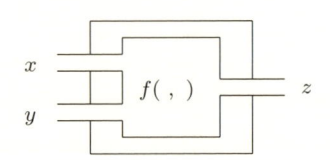

図10.1 2変数関数のブラックボックス

2つの量x, yから1つの量zが定まるとき，定まり方の法則が2変数の関数で$z = f(x, y)$と表す．3変数以上の関数も同じように$y = f(x_1, x_2, x_3)$などと表す．多変数関数を調べるのに，もちろん今までの1変数の関数で調べたことが威力を発揮する．

2変数の関数も大事なのは法則自身であり，関数を表す文字はその法則を表す道具に過ぎない．1変数の関数と同じようにブラックボックスに表すとわかりやすい場合が多い．ブラックボックスを用いた図式は，後で多変数の合成関数の導関数を調べるときに便利である．

2つの変数x, yの値の変化によって，関数の値がどのように変化するか，例として$z = f(x, y) = x^2 + 4y^2$という2変数関数を調べよう．x, yにいろいろな値を入れるとそのたびにzの値が定まる．この様子を表10.2に示す．

横軸がx，縦軸がyの値を表し，表の中の値は，それぞれの(x, y)に対する，$z = f(x, y) = x^2 + 4y^2$の値を表示している．

10.1 多変数関数

表 10.2 $z = x^2 + 4y^2$ の変化

y \ x	-2	-1.5	-1	-0.5	0	0.5	1	1.5	2
-2	20	13	8	5	4	5	8	13	20
-1.5	18.25	11.25	6.25	3.25	2.25	3.25	6.25	11.25	18.25
-1	17	10	5	2	1	2	5	10	17
-0.5	16.25	9.25	4.25	1.25	0.25	1.25	4.25	9.25	16.25
0	16	9	4	1	0	1	4	9	16
0.5	16.25	9.25	4.25	1.25	0.25	1.25	4.25	9.25	16.25
1	17	10	5	2	1	2	5	10	17
1.5	18.25	11.25	6.25	3.25	2.25	3.25	6.25	11.25	18.25
2	20	13	8	5	4	5	8	13	20

この表をもっと見やすく，グラフに表してみる．xy 平面の各点において，その点での z の値の長さの棒をたてる．

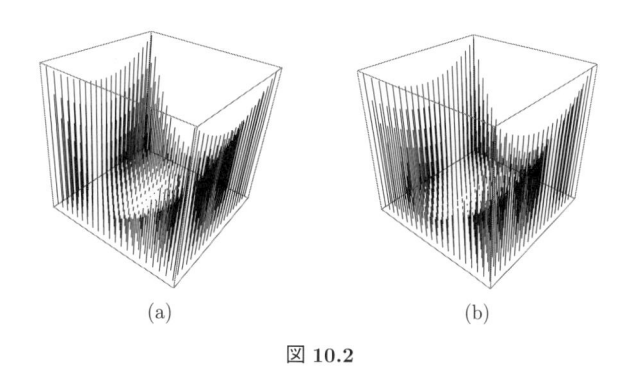

(a)　　　　　(b)

図 10.2

左目と，右目の間隔が 0.2 ラジアンとして 2 つのグラフを並べたのを見ると，立体視の原理で本当の 3 次元の立体に見える．立体視の方法には，平行法と交差法があるが，本書では交差法で表してある．左から見た図を右に，右から見た図を左に描いておく．目を真ん中の方に寄せて，2 つの図が重なるようにすれば立体に見える．

ここで，棒の間隔をどんどん短くして棒の頂点を結ぶと，なめらかな曲面が得られることが予想できよう．さらに，少し離れた別の視点からのグラフを描き，両方を並べる．

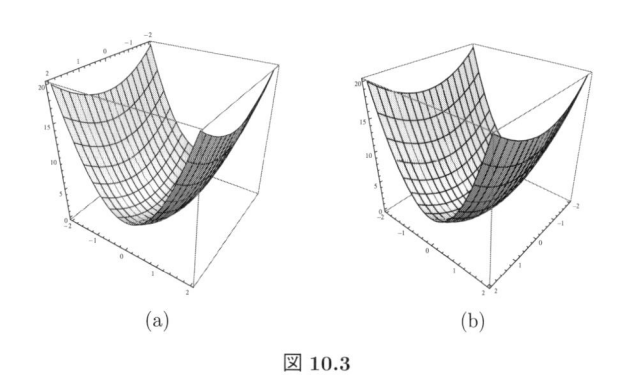

(a)　　　　　(b)

図 10.3

10.2 偏導関数

今度は，$z = f(x, y) = 20 - x^2 - 4y^2$ について調べる．x と y が独立にいろいろな値をとるときの，z の値の変化について調べる．とりあえず，y の値を $y = 1$ に固定しておこう．

すると，$z = f(x, 1) = 20 - x^2 - 4 = 16 - x^2$ と，x だけの関数になる．

この曲線上で，x が変化したことによる z の変化率は，z を x で微分して $-2x$ となる．本来ならば，y も変化するが，今ここでは y を固定しているので，今までの導関数と区別し **偏導関数** という．微分をするときの極限値が存在する場合の話であるが，偏導関数が存在するとき **偏微分可能** という．また，偏導関数を求めることを **偏微分する** といい，記号で次のように表す．

$$f_x(x, 1) = -2x \quad \text{あるいは，} \quad \left.\frac{\partial z}{\partial x}\right|_{y=1} = -2x \tag{10.1}$$

図の上では接線の傾きを表す関数である．具体的に，$x = 0.4$ となる点 $(0.4, 1, 15.84)$ における接線の傾きは，$f_x(0.4, 1) = (-2) \times 0.4 = -0.8$ となる．

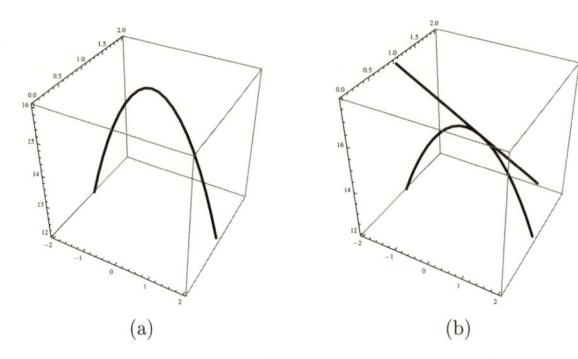

(a) (b)

図 10.4

一方，x を $x = 0.4$ に固定すると，$z = f(0.4, y) = 20 - 0.4^2 - 4y^2 = 19.84 - 4y^2$ となり，y のみの変化による z の変化率は，$f_y(0.4, y) = -8y$ となる．

図の上では，曲面を $x = 0.4$ で切った切り口の曲線上の接線の傾きを表す．具体的に，$y = 1$ となる点の接線の傾きは，$f_y(0.4, 1) = -8$ となる．

ところで，y の値を固定し x で偏微分するとき，固定する y の値を後で自由に変えられるように，一般の定数 y に固定することもできる．このとき $z = f(x, y) = 20 - x^2 - 4y^2$ を x で偏微分するには，y を定数として，普通に x で微分すればよい．

$$\frac{\partial z}{\partial x} = f_x(x, y) = -2x \tag{10.2}$$

この計算で，20 と同じように $-4y^2$ も，x で偏微分する間は定数で，偏微分すると 0 となる．

別の例で，$z = f(x, y) = 5x^2 y^3$ を x と y で偏微分してみよう．x で偏微分するときには，$5y^3$ を全部定数として扱うので次のようになる．

$$\frac{\partial z}{\partial x} = f_x(x, y) = 5y^3 \times 2x = 10xy^3 \tag{10.3}$$

y で偏微分するときには，$5x^2$ を定数として扱い，$\dfrac{\partial z}{\partial y} = f_y(x, y) = 5x^2 \times 3y^2 = 15x^2 y^2$ と

なる．

　偏導関数の変数 x, y に具体的な数値を代入した値を **偏微分係数** という．上の例で，偏導関数が $f_x(x,y) = 10xy^3$ のとき，$x=3, y=2$ における偏微分係数は $f_x(3,2) = 10 \times 3 \times 2^3 = 240$ である．

　この値の意味は，$y=2$ に固定しておいて，x だけを変化させたときの，$x=3$ における z の変化率である．

　量的な意味としては，x が資本量，y が労働量，$z = f(x,y)$ が生産量とすると，$f_x(3,2)$ は，労働量を $y=2$ のままにしておいて，資本量を $x=3$ からちょっと増やすとき，資本量 1 単位あたりで変化する生産量の値を表す．

　この計算は，指数関数，対数関数，三角関数が入っても同じことである．1 つの例をやっておこう．

　日本の牛肉の輸入量 z が，日本の国民所得 x と，円の対ドル為替レート x によって次のように定まっているとしよう[*1]．

$$z = 20 + 3e^{0.2x}(100 - 0.3y^2) \tag{10.4}$$

　国民所得が $x=5$ のまま変わらないのに，1 ドル 105 円の為替レートが変わり，円安になったら，牛肉の輸入量はどれだけ減るかを求めてみよう．y で偏微分して偏導関数を求め，$x=5$, $y=105$ を代入して偏微分係数を求めればよい．

　$f_y(x,y) = 3e^{0.2x} \times (-0.6y)$ より，$f_y(5,105) = 3e \times (-0.6 \times 105)$ となる．$e=2.7$ として概算すると，$f_y(5,105) = -510.3$ が得られる．円安 1 円当たり輸入量 510.3 が減ることを意味している．

[例題 1]

次の 2 つの 2 変数の関数

$$z = f(x,y) = x^3y^2 + 4x^2 - 5y^3 + 7x + 2y + 9 \tag{10.5}$$

$$z = g(x,y) = e^{-2x}\sin y + \log_e(x+1) - 3y \tag{10.6}$$

について以下の問に答えよ．
(1) 偏導関数 $f_x(x,y), f_y(x,y), g_x(x,y), g_y(x,y)$ を計算して求めよ．
(2) 偏微分係数 $f_x(1,2), f_y(1,2), g_x(0,0), g_y(0,0)$ の値を求めよ．

[解] (1) $f_x(x,y) = 3x^2y^2 + 8x + 7$, $f_y(x,y) = 2x^3y - 15y^2 + 21$ \hfill (10.7)

$$g_x(x,y) = -2e^{-2x}\sin y + \frac{1}{x+1}, \quad g_y(x,y) = e^{-2x}\cos y - 31 \tag{10.8}$$

(2) $f_x(1,2) = 27, f_y(1,2) = -541$ \hfill (10.9)

$g_x(0,0) = 1, g_y(0,0) = -21$ \hfill (10.10)

10.3　2 回以上の偏微分

　$z = f(x,y)$ を x で偏微分した偏導関数 $\dfrac{\partial z}{\partial x} = f_x(x,y)$ をさらに x や y で偏微分した関数を 2 階の偏導関数という．記号では次のように表す．

[*1] もちろん勝手に仮定した関係であることを断っておく．

$$\frac{\partial}{\partial x}\left(\frac{\partial z}{\partial x}\right) = \frac{\partial^2 z}{\partial x^2} = f_{xx}(x,y) \tag{10.11}$$

$$\frac{\partial}{\partial y}\left(\frac{\partial z}{\partial x}\right) = \frac{\partial^2 z}{\partial y \partial x} = f_{xy}(x,y) \tag{10.12}$$

$$\frac{\partial}{\partial x}\left(\frac{\partial z}{\partial y}\right) = \frac{\partial^2 z}{\partial x \partial y} = f_{yx}(y,x) \tag{10.13}$$

$$\frac{\partial}{\partial y}\left(\frac{\partial z}{\partial y}\right) = \frac{\partial^2 z}{\partial y^2} = f_{yy}(y,x) \tag{10.14}$$

3階以上の偏導関数も同様に表す．次の例で，4個の2階偏導関数を求めてみよう．

$$z = 2x^4 - 5x^2y^3 + 6y^5 \tag{10.15}$$

$$\frac{\partial^2 z}{\partial x^2} = \frac{\partial}{\partial x}(8x^3 - 10x^2y^3) = 24x^2 - 20xy^3 \tag{10.16}$$

$$\frac{\partial^2 z}{\partial y \partial x} = \frac{\partial}{\partial y}(8x^3 - 10x^2y^3) = -30x^2y^2 \tag{10.17}$$

$$\frac{\partial^2 z}{\partial x \partial y} = \frac{\partial}{\partial x}(-15x^2y^2 + 30y^4) = -30xy^2 \tag{10.18}$$

$$\frac{\partial^2 z}{\partial y^2} = \frac{\partial}{\partial y}(-15x^2y^2 + 30y^4) = -30x^2y + 120y^3 \tag{10.19}$$

上の例で気がついたかもしれないが，ある関数を x で偏微分してから y で偏微分した偏導関数と，y で偏微分してから x で偏微分した偏導関数は等しい．(a,b) の近くで，$f_x(x,y)$, $f_y(x,y)$, $f_{xy}(x,y)$, $f_{yx}(x,y)$ が存在してそれらが連続ならば，(a,b) の近くで次の関係が成り立つ．

$$\frac{\partial^2 z}{\partial y \partial x} = \frac{\partial^2 z}{\partial x \partial y} \tag{10.20}$$

(a,b) の近くで，$f_x(x,y)$, $f_y(x,y)$ が存在して，それらが (a,b) で全微分可能ならばよいという定理は **ヤングの定理** と呼ばれる．**全微分可能** というのは，

$$f(x,y) = f(a,b) + \alpha(x-a) + \beta(y-b) + \varepsilon(x,y;a,b) \tag{10.21}$$

のとき次のような極限が成り立つことである．

$$\frac{\varepsilon(x,y;a,b)}{\sqrt{(x-a)^2+(y-b)^2}} \to 0 \quad ((x,y) \to (a,b)) \tag{10.22}$$

[例題 2]

関数 $z = f(x,y) = e^{3x}\cos 4y + x^3 + \log(y+2)$ の2階の偏導関数 $f_{xy}(x,y)$ を，求めよ．また，$f_{xy}\left(0, \frac{\pi}{8}\right)$ の値を求めよ．

[解] $f_{xy}(x,y) = -12e^{3x}\sin 4y$, $f_{xy}\left(0, \frac{\pi}{8}\right) = -12$

第10章 演習問題

(1) 関数 $z = f(x,y) = 2x^3y^4 + 4x^2 + 3y^2 + 6x - 9y + 5$ について以下の問に答えよ．

(a) 偏導関数 $\dfrac{\partial z}{\partial x}, \dfrac{\partial z}{\partial y}$ を求めよ．

(b) 偏微分係数 $f_x(1,2), f_y(1,2)$ を求めよ．

(2) 関数 $z = f(x,y) = x^3 \sin 4y + e^{5x} + 9\log_e(3y+2)$ について以下の問に答えよ．

(a) 偏導関数 $\dfrac{\partial z}{\partial x}, \dfrac{\partial z}{\partial y}$ を求めよ．

(b) 偏微分係数 $f_x(0,0), f_y(0,0)$ の値を求めよ．

(3) 関数 $z = f(x,y) = x^2 y^3 + 4x^2 + 8y^2 + 3x + 7y$ について以下の問に答えよ．

(a) 偏導関数 $f_x(x,y), f_y(x,y), f_{xx}(x,y), f_{xy}(x,y), f_{yx}(x,y), f_{yy}(x,y)$ を求めよ．

(b) 偏導関数の値 $f_x(1,1), f_y(1,1), f_{xx}(1,1), f_{xy}(1,1), f_{yx}(1,1), f_{yy}(1,1)$ の値を求めよ．

(4) 関数 $z = f(x) = (\sin 2x)(\sin 3y) + e^{-3x} + e^{4y}$ について以下の問に答えよ．

(a) 偏導関数 $f_x(x,y), f_y(x,y), f_{xx}(x,y), f_{xy}(x,y), f_{yx}(x,y), f_{yy}(x,y)$ を求めよ．

(b) 偏導関数の値 $f_x(0,0), f_y(0,0), f_{xx}(0,0), f_{xy}(0,0), f_{yx}(0,0), f_{yy}(0,0)$ の値を求めよ．

第11章 全微分と接平面

11.1 平面の式

3次元空間に原点と座標があるとき,平面の式は次のように表せる. x 軸に沿って見ると傾きが2であり, y 軸に沿って見ると傾きが3である平面を考える. x 軸上での高さは, $z = 2x$ で y 軸上での高さは $z = 3y$ となる. xy 平面上の点 (x, y) での高さはこの2つの和で, $z = 2x + 3y$ となる. 次の図を見れば納得できる人もいよう.

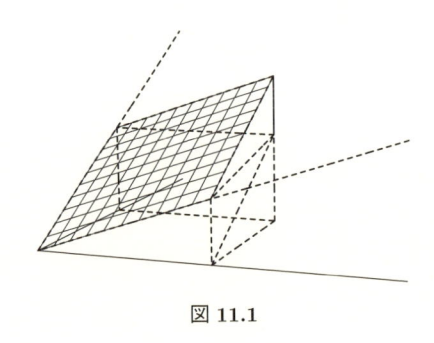

図 11.1

一般に,点 P (x_0, y_0, z_0) を通る平面で, x 軸方向への傾きが a, y 軸方向への傾きが b の平面の式は,次のように書ける.

$$z - z_0 = a(x - x_0) + b(y - y_0) \tag{11.1}$$

11.2 接平面

曲面 $z = 20 - x^2 - 4y^2$ の,点 P $(0.4, 1)$ での変化の様子を調べよう. この曲面を $y = 1$ なる平面で切った切り口の曲線の,点 P での接線 l_1 と, $x = 0.4$ なる平面で切った切り口の曲線の,点 P での接線 l_2 は前に求めた.

2つの直線 l_1 と l_2 でできる平面は,点 P でこの曲面に接している. 直線 l_1 の傾きが $f_x(0.4, 1) = -0.8$ であり, 直線 l_2 の傾きが $f_y(0.4, 1) = -8$ であったから, この平面の式は次のようになる.

$$z - 15.84 = -0.8(x - 0.4) - 8(y - 1) \tag{11.2}$$

この平面を,点 P での **接平面** という. 次頁の図である.
これを立体的に見たければ,見る角度を少し変えたグラフを,右側へもう1つ並べればよい. 次頁の右の図である.

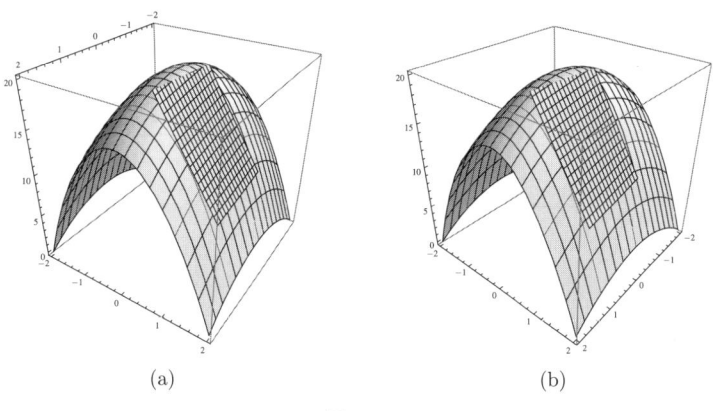

図 11.2

11.3 全微分

同じ関数 $z = f(x,y) = 20 - x^2 - 4y^2$ において，x が $x = 0.4$ から $0.4 + \Delta x$ まで変化し，y が $y = 1$ から $1 + \Delta y$ まで変化したときの，z の変化量 Δz を求めてみる．

$$\begin{aligned}
\Delta z &= f(0.4 + \Delta x, 1 + \Delta y) - f(0.4, 1) \\
&= \{20 - (0.4 + \Delta x)^2 - 4(1 + \Delta y)^2\} - \{20 - 0.4^2 - 4 \times 1^2\} \\
&= \{-0.8\Delta x - 8\Delta y\} + \{-(\Delta x)^2 - 4(\Delta y)^2\}
\end{aligned} \tag{11.3}$$

ここで，$\Delta x, \Delta y$ が小さく，たとえば，$\Delta x = 0.01, \Delta y = 0.01$ とすると，$(\Delta x)^2, (\Delta y)^2$ はもっと小さく，$(\Delta x)^2 = 0.0001, (\Delta y)^2 = 0.0001$ となる．いま小数第 2 位までの精度で十分のときには Δz は，$-0.8\Delta x - 8\Delta y$ だけでよい．

これが前に求めた接平面である．ここで，$-0.8 = f_x(0.4, 1)$ は x 方向への偏微分係数であり，$-8 = f_y(0.4, 1)$ は y 方向への偏微分係数である．

接平面の上の量を Δx の替わりに dx と書き，Δy の替わりに dy, Δz の替わりに dz と書く．すると次の式になる．

$$dz = -0.8dx - 8dy \tag{11.4}$$

このとき dz を，x が dx, y が dy 変化したときの **全微分** あるいは単に **微分** という．

一般に，$z = f(x,y)$ において，x が x から dy 変化し，y が y から dy 変化したときの z の全微分は，次のようになる．

$$dz = \frac{\partial z}{\partial x}dx + \frac{\partial z}{\partial y}dy = f_x(x,y)dx + f_y(x,y)dy \tag{11.5}$$

上の式は，z の全微分としての変化量が，x が dx 変化したことによる変化量 $\dfrac{\partial z}{\partial x}dx$ と，y が dy 変化したことによる変化量 $\dfrac{\partial z}{\partial y}dy$ の和になっていることを示す．これらの量は，図の上では，すべて，接平面の上の量である．

[例題 1]

2 変数の関数 $x = f(x,y) = x^2 \sin 5y + \cos 7x + \log_e(y+5)$ について以下の問に答えよ．

(1) (x,y) において，x が dx, y が dy 変化したことによる，z の全微分 dz を求めよ．

(2) (a,b) において，$dx = 0.2, dy = 0.3$ に対する z の全微分 dz を求めよ．

(3) $(0,0)$ において, $dx = 0.1, dy = 0.4$ に対する x の全微分 dz を求めよ.

[解] (1) はじめに偏導関数を計算する.

$$f_x(x,y) = 2x\sin 5y - 7\sin 7x, \quad f_y(x,y) = 5x^2\cos 5y + \frac{1}{y+5} \tag{11.6}$$

よって全微分は次のようになる.

$$dz = (2x\sin 5y - 7\sin 7x)dx + \left(5x^2\cos 5y + \frac{1}{y+5}\right)dy \tag{11.7}$$

(2)
$$(2a\sin 5b - 7\sin a) \times 0.2 + \left(5a^2\cos 5b + \frac{1}{b+5}\right) \times 0.3 \tag{11.8}$$

(3)
$$0 \times 0.1 + \frac{1}{5} \times 0.4 = 0.08 \tag{11.9}$$

ところで, $z = ax^2y^3$ という式を見たとき, a は定数で $z = f(x,y) = ax^2y^3$ であると思いこむ人は多いであろうが, $z = f(a,x,y)$ という3変数の関数かも知れない. ある特定の文字だけを定数として扱いたいときは, 全微分は3変数以上になっても同じことで, $y = f(x_1, x_2, x_3)$ の, dx_1, dx_2, dx_3 に対する y の全微分 dy は次の式で表せる.

$$dy = \frac{\partial y}{\partial x_1}dx_1 + \frac{\partial y}{\partial x_2}dx_2 + \frac{\partial y}{\partial x_3}dx_3 \tag{11.10}$$

[例題 2]

3変数の関数 $y = f(x_1, x_2, x_3) = x_1^2 + x_2^3 + x_3^4 + x_1^2 x_2^3 x_3^4$ がある. dx_1, dx_2, dx_3 に対する全微分 dz を求めよ.

[解] はじめに偏導関数を求める.

$$\frac{\partial y}{\partial x_1} = 2x_1 + 2x_1 x_2^3 x_3^4, \quad \frac{\partial y}{\partial x_2} = 3x_2^2 + 3x_1^2 x_2^2 x_3^4, \quad \frac{\partial y}{\partial x_3} = 4x_3^3 + 4x_1^2 x_2^3 x_3^3 \tag{11.11}$$

したがって全微分は次のようになる.

$$dz = (2x_1 + 2x_1 x_2^3 x_3^4)dx_1 + (3x_2^2 + 3x_1^2 x_2^2 x_3^4)dx_2 + (4x_3^3 + 4x_1^2 x_2^3 x_3^3)dx_3 \tag{11.12}$$

第11章　演習問題

(1) 関数 $z = f(x,y) = 1 - x^2 - xy - y^2$ について以下の問に答えよ.
  (a) $-5 \le x \le s$, $-5 \le y \le 5$ の範囲においてグラフ (曲面) を描け.
  (b) $y = 1$ に固定したとき, z は x のどのような関数になるか. x の式で表せ.
  (c) $y = 1$ に固定したときできる曲線上において, $x = 2$ における接線の傾きを求めよ.
  (d) $x = 2$ に固定したときできる曲線上において, $y = 1$ における接線の傾きを求めよ.
  (e) (b), (c) で求めた2直線によって定まる平面 (接平面) の式を求めよ.

(2) 関数 $z = f(x,y) = x^3 + 2x^2y + y^2 + 5$ について以下の問に答えよ.
  (a) 偏導関数 $f_x(x,y), f_y(x,y)$ を求めよ.
  (b) (x,y) において, dx, dy の変化に対する z の全微分 dz を求めよ.
  (c) $(1,2)$ において, dx, dy の変化に対する z の全微分 dz 求めよ.

(d) (x,y) において，$dx = 0.2, dy = 0.3$ 変化したときの，z の全微分 dz を求めよ．

(e) $(1,2)$ において，$dx = 0.2, dy = 0.3$ 変化したときの，z の全微分 dz を求めよ．

(3) 関数 $z = f(x,y) = e^{3x}\cos 5y + \sin 3x + \log_e(2y+7)$ について以下の問に答えよ．

(a) 偏導関数 $\dfrac{\partial z}{\partial x}, \dfrac{\partial z}{\partial y}$ を求めよ．

(b) (x,y) において，dx, dy の変化に対する z の全微分 dz を手で計算して求めよ．

(c) $(0,0)$ において，dx, dy に対する z の全微分 dz を求めよ．

(d) (x,y) において，x が $dx = 0.2$，y が $dy = 0.3$ 変化したときの全微分 dz を求めよ．

(e) $(0,0)$ において，x が $dx = 0.2$，y が $dy = 0.3$ 変化したときの，z の全微分 dz を求めよ．

(4) $y = f(x_1, x_2, x_3) = x_1^2(\sin 3x_2)(\sin 2x_3) + e^{4x_1} + e^{-3x_2} + e^{4x_3}$ について以下の問に答えよ．

(a) (x_1, x_2, x_3) において，dx_1, dx_2, dx_3 に対する y の全微分 dy を求めよ．

(b) $(0,0,0)$ において，$dx = 0.1, dx_2 = 0.2, dx_3 = 0.3$ に対する y の全微分 dy を求めよ．

第12章　多変数の合成関数の微分

12.1　2変数と1変数の合成

1変数の合成関数のチェインルールは，$y = f(z), z = g(x)$ に対し次のようであった．

$$\frac{dz}{dx} = \frac{dz}{dy} \times \frac{dy}{dx} \tag{12.1}$$

ここでは次のような2変数関数と1変数関数の合成関数の場合を調べる．$z = f(t), t = g(x, y)$ となっている場合，ブラックボックスで図示すると図 12.1 のようになる．

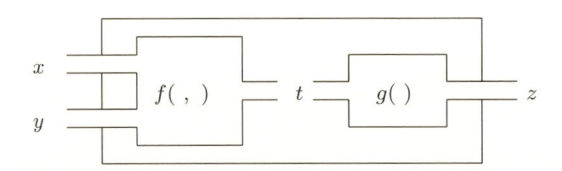

図 12.1　多変数合成関数のブラックボックス

この場合導関数の関係は次のようになる．

$$\frac{\partial z}{\partial x} = \frac{dz}{dt} \times \frac{\partial t}{\partial x}, \quad \frac{\partial z}{\partial y} = \frac{dz}{dt} \times \frac{\partial t}{\partial y} \tag{12.2}$$

このことは次のように微分を利用して理解できる．
x が dx 変化し，y が dy 変化したとき，t の全微分 dt は次のようになる．

$$dt = \frac{\partial t}{\partial x}dx + \frac{\partial t}{\partial y}dy \tag{12.3}$$

t の変化した量 dt に対して，z の微分 dz は次のようになる．

$$dz = \frac{dz}{dt}dt = \frac{dg}{dt}dt \tag{12.4}$$

式 (12.4) における dt に，式 (12.3) の dt を代入すると次のようになる．

$$dz = \frac{dz}{dt}\left(\frac{\partial t}{\partial x}dx + \frac{\partial t}{\partial y}dy\right)$$
$$= \left(\frac{dz}{dt}\frac{\partial t}{\partial x}\right)dx + \left(\frac{dz}{dt}\frac{\partial t}{\partial y}\right)dy \tag{12.5}$$

ところで，図 12.1 において，ブラックボックスの最初と最後だけ見れば x, y から z が決まっているので，z の全微分 dz は，x, y の微分 dx, dy から決まっている．

$$dz = \frac{\partial z}{\partial x}dx + \frac{\partial z}{\partial y}dy = f_x(x, y)dx + f_y(x, y)dy \tag{12.6}$$

式 (12.5) と式 (12.6) を比べると，式 (12.2) が得られる．

具体的な関数について求めてみよう．$z = g(t) = t^3 + \sin 5t, t = f(x,y) = x^2 y^3 + 4x^3 + 5y^2$ となっているとき，$\dfrac{\partial z}{\partial x}, \dfrac{\partial z}{\partial y}$ を求めよう．

はじめに必要な導関数，偏導関数を求めておく．

$$\frac{dz}{dt} = 3t^2 + 5\cos 5t, \quad \frac{\partial t}{\partial x} = 2xy^3 + 12x^2, \quad \frac{\partial t}{\partial dy} = 3x^2 y^2 + 10y \tag{12.7}$$

これらを式 (12.2) に代入すればよい．

$$\begin{cases} \dfrac{\partial z}{\partial x} = \dfrac{dz}{dt} \times \dfrac{\partial t}{\partial x} = (3t^2 + 5\cos 5t)(2xy^3 + 12x^2) \\ \dfrac{\partial z}{\partial y} = \dfrac{dz}{dt} \times \dfrac{\partial t}{\partial y} = (3t^2 + 5\cos 5t)(3x^2 y^2 + 10y) \end{cases} \tag{12.8}$$

12.2　2変数と2変数の合成

今度は，z が t, s の2変数から定まり，t, s ともに x, y の2変数から定まる場合を調べる．

$$z = g(t,s), \quad \begin{cases} t = f(x,y) \\ s = h(x,y) \end{cases}$$

ブラックボックスで示すと次のようになっている場合である．

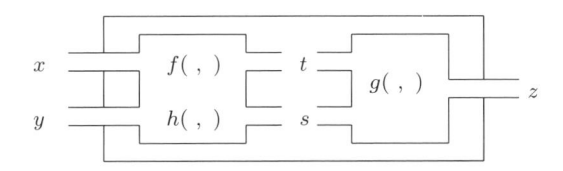

図 12.2　多変数合成関数のブラックボックス 2

この場合，偏導関数の間の関係は，次のようになる．

$$\frac{\partial z}{\partial x} = \frac{\partial z}{\partial t}\frac{\partial t}{x} + \frac{\partial z}{\partial s}\frac{\partial s}{\partial x} \tag{12.9}$$

$$\frac{\partial z}{\partial y} = \frac{\partial z}{\partial t}\frac{\partial t}{y} + \frac{\partial z}{\partial s}\frac{\partial s}{\partial y} \tag{12.10}$$

これも全微分の関係式から得られる．dx, dy に対する t, s の全微分は，次の式である．

$$dt = \frac{\partial t}{\partial x}dx + \frac{\partial t}{\partial y}dy, \quad ds = \frac{\partial s}{\partial x}dx + \frac{\partial s}{\partial y}dy \tag{12.11}$$

この dt, ds に対する z の全微分は，次のようになる．

$$dz = \frac{\partial z}{\partial t}dt + \frac{\partial z}{\partial s}ds \tag{12.12}$$

式 (12.11) の dt と ds を，式 (12.12) に代入する．

$$\begin{aligned} dz &= \frac{\partial z}{\partial t}\left(\frac{\partial t}{\partial x}dx + \frac{\partial t}{\partial y}dy\right) + \frac{\partial z}{\partial s}\left(\frac{\partial s}{\partial x}dx + \frac{\partial s}{\partial y}dy\right) \\ &= \left(\frac{\partial z}{\partial t}\frac{\partial t}{\partial x} + \frac{\partial z}{\partial s}\frac{\partial s}{\partial x}\right)dx + \left(\frac{\partial z}{\partial t}\frac{\partial t}{\partial y} + \frac{\partial z}{\partial s}\frac{\partial s}{\partial y}\right)dy \end{aligned} \tag{12.13}$$

ここで，図 (12.2) を見て，中の構造を無視すれば，x, y から z が定まっているので，次のようになっている．

$$dz = \frac{\partial z}{\partial x}dx + \frac{\partial z}{\partial y}dy = f_x(x,y)dx + f_y(x,y)dy \tag{12.14}$$

式 (12.13) と，式 (12.14) を比較すると，dx と dy の係数が等しいことから式 (12.9) と式 (12.10) が得られる．

具体的に次の例について計算してみよう．

$$z = 5t - t^2 s + s^3, \quad \begin{cases} t = 2\cos x - xe^{3y} \\ s = 3x^2 + 3\sin 2y \end{cases} \tag{12.15}$$

$$\frac{\partial z}{\partial t} = 5 - 2ts, \quad \frac{\partial z}{\partial s} = -t^2 + 3s^2 \tag{12.16}$$

$$\frac{\partial t}{\partial x} = -2\sin x - e^{3y}, \quad \frac{\partial s}{\partial x} = 6x \tag{12.17}$$

$$\frac{\partial t}{\partial y} = -3xe^{3y}, \quad \frac{\partial s}{\partial y} = 6\cos 2y \tag{12.18}$$

これらを，式 (12.9) と，式 (12.10) の右辺に代入すればよい．

$$\frac{\partial z}{\partial x} = (5 - 2ts)(-2\sin x - e^{3y}) + (-t^2 + 3s^2)(6x) \tag{12.19}$$

$$\frac{\partial z}{\partial y} = (5 - 2ts)(-3xe^{3y}) + (-t^2 + 3s^2)(6\cos 2y) \tag{12.20}$$

たくさん変数がでてくるので混乱しやすい．今，どの式をどの変数で微分しているのかをはっきりさせ，その変数以外の文字を定数と見ることに注意すればよい．

12.3 1変数と2変数の合成

$y = g(t, s), t = f(x), s = h(x)$ となっている場合で，図示すると下のようになる場合である．

このとき次のチェインルールが成り立つ．

$$\frac{dy}{dx} = \frac{\partial y}{\partial t}\frac{dt}{dx} + \frac{\partial y}{\partial s}\frac{ds}{dx} \tag{12.21}$$

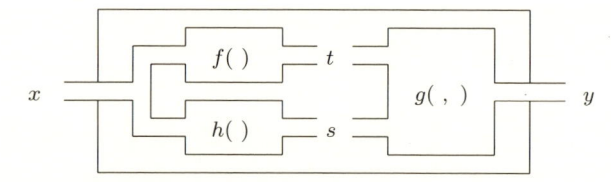

図 12.3 多変数合成関数のブラックボックス 3

次のような例について計算してみよう。

$$\begin{cases} y = 2t^3 - 4s^2 \sin 2t + e^{3s} \\ t = x^2 - 3\cos x \\ s = 5 + 2x^3 - e^{-3x} \end{cases} \tag{12.22}$$

前2つと同じように，全微分を使って導くことができる．

はじめに必要な偏導関数を求めておく．

$$\frac{\partial y}{\partial t} = 6t^2 - 8s^2 \cos 2t \ , \quad \frac{\partial y}{\partial s} = -8s \sin 2t + 3e^{3s} \tag{12.23}$$

$$\frac{dt}{dx} = 2x + 3\sin x \ , \quad \frac{ds}{dx} = 6x^2 + 3e^{-3x} \tag{12.24}$$

これらの結果を式 (12.21) の右辺に代入すればよい．

$$\frac{dy}{dx} = (6t^2 - 8s^2 \cos 2t)(2x + 3\sin x) + (-8s \sin 2t + 3e^{3s})(6x^2 + 3e^{-3x}) \tag{12.25}$$

第12章 演習問題

(1) 関数 $z = f(t) = t^2 + 5t, t = g(x, y) = 4x^3y^4 + 5x^2 + 2y^2 + 3x - 4y + 6$ について以下の問に答えよ．
  (a) $\dfrac{dz}{dt}, \dfrac{\partial t}{\partial x}, \dfrac{\partial t}{\partial y}$ を求めよ．
  (b) $\dfrac{dz}{dt}, \dfrac{\partial t}{\partial x}, \dfrac{\partial t}{\partial y}$ を求めよ．
  (c) 偏導関数 $\dfrac{\partial z}{\partial x}, \dfrac{\partial z}{\partial y}$ を求めよ．
  (d) $x = 1, y = 2$ における偏微分係数 $\dfrac{\partial z}{\partial x}, \dfrac{\partial z}{\partial y}$ の値を求めよ．

(2) 関数 $z = g(t, s) = t^2 + \cos 3s, t = f(x, y) = x^2 \sin 6y, s = h(x, y) = e^{-2x} + y^3$ について以下の問に答えよ．
  (a) $\dfrac{\partial z}{\partial t}, \dfrac{\partial z}{\partial s}, \dfrac{\partial t}{\partial x}, \dfrac{\partial t}{\partial y}, \dfrac{\partial s}{\partial x}, \dfrac{\partial s}{\partial y}$ を求めよ．
  (b) 偏導関数 $\dfrac{\partial z}{\partial x}, \dfrac{\partial z}{\partial y}$ を求めよ．
  (c) $x = 0, y = 0$ のときの偏導関数 $\dfrac{\partial z}{\partial x}, \dfrac{\partial z}{\partial y}$ の値を求めよ．

(3) 関数 $z = g(t, s) = \sin 2t + \cos 3s, t = f(x) = x^2 + 2x + 3, s = h(x) = e^{-3x} + \sin 4x$ について以下の問に答えよ．
  (a) $g_t(t, s), g_s(t, s), f'(x), h'(x)$ を求めよ．
  (b) 導関数 $\dfrac{dz}{dx}$ を求めよ．
  (c) $x = 0$ のときの導関数 $\dfrac{dz}{dx}$ の値を求めよ．

第13章 陰関数の微分

13.1 陰関数

いままで，関数といえば，出力 y は，入力 x の式で表されていた．たとえば，$y = 2x+3$ は，入力を2倍して3を加えて出力を得ている．このような関数を **陽関数** という．

これに対して，$2x - y + 3 = 0$ という式は，入力と出力の関係式であり，直接 y は x の式で表されていない．しかし，実際には，x の値を決めれば y の値は定まっている．このような関数を **陰関数** という．

$2x - y + 3 = 0$ は変形して，$y = 2x + 3$ と変形できる．この場合には単に式の変形で陰関数の形から陽関数の形に転換できる．

原点を中心とし，半径が2の円の上の点 $\mathrm{P}(x,y)$ は，原点からの距離が2であるから，ピタゴラスの定理により次の式で表せる．

$$x^2 + y^2 = 4 \tag{13.1}$$

これは陰関数の形であるが，陽関数の形に直すのに，y について解いてみる．

$$y^2 = 4 - x^2, \quad y = \pm\sqrt{4-x^2} \tag{13.2}$$

$x = \sqrt{3}$ とすると，$y = \pm 1$ となるが，出力が2つあるのは混乱しかねない．そこで，普通，関数というときには入力1つに対し，出力は1つとする．

$x = \sqrt{3}, y = 1$ なる点の近くの様子を調べているのであれば，$y = \sqrt{4-x^2}$ とすればよい．しかし，点 $(2,0)$ の近くでは，プラス，マイナスの2つの値があって，1つの式で表せない．

また，y を x で微分するには，この式を微分すればよいが，ちょっとめんどうである．しかも，いつもこのように，y を x の式で表せるとは限らない．そこで，陰関数のまま y を x で微分した導関数を求める方法を見つけよう．$x^2 + y^2 = 4$ だけ見ていると平面の上の1つの円であるが，$z = f(x,y) = x^2 + y^2$ とおいて2変数の関数を考えると，曲面ができる．円は，この曲面を高さ = 4 で切った，切り口の曲線としてとらえなおすことができる．この様子を図に表してみると次頁の図 13.1 となる．

曲面の上の点 $\mathrm{P}(x,y)$ での微分 dx, dy に対する z の全微分 dz は次のようになる．

$$dz = \frac{\partial z}{\partial x}dx + \frac{\partial z}{\partial y}dy = 2x\,dx + 2y\,dy \tag{13.3}$$

上の式における dx と dy は，任意の値をとるが，$x^2 + y^2 = 4$ における微分の関係になるためには，$z = 4$ より，$dz = 0$ とすればよい．したがって，$2x\,dx + 2y\,dy = 0$ を変形し，$2y\,dy = -2x\,dx$，$\dfrac{dy}{dx} = -\dfrac{x}{y}$ が得られる．この式は，分母が0でない限り成り立つ．分母が0でないことは，その点の近くで，陽関数が1つに定まることでもある．

一般に，陰関数 $f(x,y) = C$ があったとき，この曲線上の点 $\mathrm{A}(a,b)$ において，$f_y(a,b) \neq 0$ で

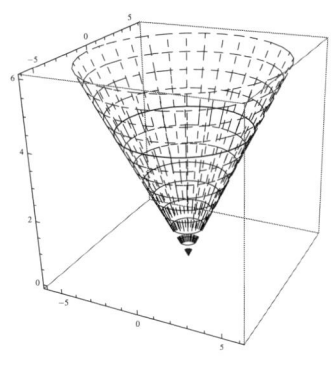

図 13.1

あれば，この点の近くで y は x の (陽) 関数として一意的に定まる (証明はここでは省略する).

ここで，$z = f(x, y)$ とおくと，z の全微分は $dz = f_x(x, y)dx + f_y(x, y)dy$ である．y を x で微分した導関数は，$dz = 0$ より，$f_x(x, y)dx + f_y(x, y)dy = 0$. 変形して

$$\frac{dy}{dx} = -\frac{f_x(x, y)}{f_y(x, y)} \tag{13.4}$$

が得られる．この式は，点 A の近くで分母が 0 でないので，その範囲で成り立つ．

例を示しておく．

$$x^3 y^2 + e^{-2x} + 3\sin 4y = 1 \tag{13.5}$$

上の曲線上の点 A(0,0) の近くにおいて，y は，x から一意的に定まるかを調べ，y を x で微分した導関数を求めよう．

左辺を $z = f(x, y)$ とおくと，$f_y(x, y) = 2x^3 y + 12 \cos 4y$ となる．点 A(0,0) での値は，$f_y(0, 0) = 12$ で，0 ではないので，点 A の近くで y は x から一意的に定まる．このとき，y を x で微分した導関数は次のように求められる．

$$\frac{dy}{dx} = -\frac{f_x(x, y)}{f_y(x, y)} = -\frac{3x^2 y^2 - 2e^{-2x}}{2x^3 y + 12 \cos 4y} \tag{13.6}$$

[例題 1]

x, y が $x^2 + (x+1)e^{3y} + \sin y = 1$ という関係を満たしているとき，点 $(0,0)$ の近くにおいて，y は x の関数として定まるか．定まるならば，その点の近くでの $\dfrac{dy}{dx}$ を求めよ．

[解] $z = f(x, y) = x^2 + (x+1)e^{3y} + \sin y$ とおく．$f_y(x, y) = 3(x+1)e^{3y} + \cos y$ より，点 $(0, 0)$ における偏微分係数の値は $f_y(0, 0) = 3 + 1 = 4 \neq 0$ である．よって，原点の近くでは y は x の関数として一意的に定まる．この近くでの $\dfrac{dy}{dx}$ は次のように求められる．

$$\frac{dy}{dx} = -\frac{\frac{\partial z}{\partial x}}{\frac{\partial z}{\partial y}} = -\frac{2x + e^{3y}}{3(x+1)e^{3y} + \cos y} \tag{13.7}$$

13.2 陰関数の導関数 (2)

$y = f(x)$ のように，y が x から定まるとき，x, y の入った式，$x^2 + y^2$ を x で微分してみよう．

x^2 を x で微分すると $2x$ であるが，y^2 を x で微分すると，$2y\dfrac{dy}{dx}$ となる．これは次のような

合成関数として計算できる．$x \longrightarrow y \longrightarrow y^2$

$$\frac{d(y^2)}{dx} = \frac{(y^2)}{dy} \times \frac{dy}{dx} = 2y\frac{dy}{dx} \tag{13.8}$$

この計算を使うと，陰関数 $x^2 + y^2 = 4$ があったとき，この両辺を x で微分してみる．

$$2x + 2y\frac{dy}{dx} = 0 \tag{13.9}$$

この式を，$\frac{dy}{dx}$ について解いてみる．

$$\frac{dy}{dx} = -\frac{x}{y} \tag{13.10}$$

このようにしても陰関数の導関数が得られる．

[例題 2]

x の関数 $y = f(x)$ は次の関係式を満たしている．$x^2 + xy^3 + e^{-3y} = 1$．両辺を x で微分することによって，$\frac{dy}{dx}$ を求めよ．

[解] 両辺を x で微分すると次のようになる．

$$2x + y^3 + 3xy^2 \times \frac{dy}{dx} - 3e^{-3y} \times \frac{dy}{dx} = 0 \tag{13.11}$$

この式を $\frac{dy}{dx}$ について解き，次のようになる．

$$\frac{dy}{dx} = \frac{2x + y^3}{3xy^2 - 3e^{-3y}} \tag{13.12}$$

第13章　演習問題

(1) x, y が関係式 $4x^2 - 2xy + 3y^2 = 10$ を満たしているとき，次の問に答えよ．
  (a) $z = f(x, y) = 4x^2 - 2xy + 3y^2$ とおいた2変数の関数の表す曲面を，$-2 \leq x \leq 2, -2 \leq y \leq 2$ の範囲で図示せよ．
  (b) $z = f(x, y) = 4x^2 - 2xy + 3y^2$ において，dx, dy に対する z の全微分 dz を求めよ．
  (c) $z = 10$ より $dz = 0$ とおいたとき，dx, dy の満たす関係式を求めよ．
  (d) (c) より，$\frac{dy}{dx}$ を求めよ．

(2) x, y が関係式 $2x^3 - 5e^{3x}\cos 2y + y = 1$ を満たしているとき，次の問に答えよ．
  (a) $(x, y) = (0, 0)$ の近くにおいて，y は x の関数として一意的に定まるか．
  (b) (a) において一意的に定まるとき $(0, 0)$ の近くでの $\frac{dy}{dx}$ を求めよ．

(3) x, y が関係式 $7x^2 + 3x\sin 3y + 2e^{3y} = 2$ を満たしているとき，次の問に答えよ．
  (a) y が x の関数であることに注意して，両辺を x で微分せよ．
  (b) (a) から $\frac{dy}{dx}$ を求めよ．

第II部 多変数の微分積分

第14章 定積分

14.1 変化率から変化量を求める

速度が一定の場合は 速度 = $\frac{距離}{時間}$ であった．ただしこれは速度が一定の場合であり，時刻の変化にともなって速度が変わる場合，瞬間速度の考えが必要で，距離を時間で微分したのが瞬間速度であった．

$$速度 = \frac{d(距離)}{d(時間)} = \frac{dy}{dt} \tag{14.1}$$

一方，速度が一定の場合，速度と時間から距離を求めるのは次の式であった．

$$距離 = 速度 \times 時間 \tag{14.2}$$

ここで，速度が一定でない場合にどのようにして距離を求めるのかがこれから学ぶ「積分」である．

時刻 x(秒) における速度の関数がわかっていて，t 秒後の速度が t の関数 $f(t)$ で，$f(x) = 0.3x^2$ m/s となっている場合を調べよう．$x=2$ から $x=3$ までの距離の変化を求める．2秒後の速さは $f(2) = 1.22$，3秒後の速さは $f(3) = 2.7$ とかなり異なる．もし2秒後の速さのまま1秒間が過ぎればその間に動いた距離は $1.2\,\mathrm{m/s} \times 1\,\mathrm{s} = 1.2\,\mathrm{m}$ となる．

この計算は，刻々速さが変化していることを無視した計算であるため，これではあまりに誤差が大きいので，0.1秒ごとの速度をとり，0.1秒間はその速度が続くとしてみよう．0.1秒ごとの速度を求めると次のようになる．

表 14.1 x 秒後の速度 $f(x)$ の変化

x	2	2.1	2.2	2.3	2/4	2.5	2.6	2.7	2.8	2.9
$f(x)$	1.2	1.323	1.452	1.587	1.728	1.875	2.028	2.187	2.352	2.523

0.1秒間は速度が変わらないとして 距離 = 速度 × 時間 を繰り返し計算してそれらを加える．

$$\begin{aligned}
& f(2) \times 0.1 + f(2.1) \times 0.1 + \cdots + f(2.9) \times 0.1 \\
&= 1.2 \cdot 0.1 + 1.323 \cdot 0.1 + 1.452 \cdot 0.1 + 1.587 \cdot 0.1 + 1.728 \cdot 0.1 \\
&\quad + 1.875 \cdot 0.1 + 2.028 \cdot 0.1 + 2.187 \cdot 0.1 + 2.352 \cdot 0.1 + 2.523 \cdot 0.1 \\
&= 1.8255
\end{aligned} \tag{14.3}$$

およそ $1.8255\,\mathrm{m}$ であることがわかる．

しかしこれでも近似が粗すぎるとすれば，今度は0.01秒後との速度を求め，0.01秒間は速度が一定として近似すればよい．

$$f(2) \times 0.01 + f(2.01) \times 0.01 + \cdots + f(2.99) \times 0.01$$
$$= 1.2 \cdot 0.01 + 1.21203 \cdot 0.01 + 1.22412 \cdot 0.01 + \cdots$$
$$+ 2.028 \cdot 0.01 + 2.187 \cdot 0.1 + 2.352 \cdot 0.1 + \cdots + 2.68203 \cdot 0.01$$
$$= 1.8925 \tag{14.4}$$

さらにもっと細かく，0.001, 0.0001 秒ごとに一定としてみよう．0.001 秒間ごとに速度一定とすると，1.89925 m．0.0001 秒間後ごとに速度一定とすると，1.89993 m となる．

区間を小さくしていくに従って，距離は次第に正確になっていくと考えられるが，行きつく先は，1.9 m のようにも見える．これを確かめるには，次のようにする．

一般に $x=2$ から $x=3$ の間を n 等分した式を求めてみよう．k 番目のところは $x = 2 + \dfrac{k}{n}$ であるから，次のように表せる．

$$\sum_{k=0}^{n-1} 0.3 \left(2 + \frac{k}{n}\right)^2 \times \frac{1}{n} \tag{14.5}$$

これは区間 1 を n 等分した式であるから n の式で表せる．

この式は数列の和の公式である，次の式を用いると求められる．

$$\sum_{k=1}^{n} k = \frac{n(n+1)}{2}, \quad \sum_{k=1}^{n} k^2 = \frac{n(n+1)(2n+1)}{6} \tag{14.6}$$

$$\sum_{k=0}^{n-1} 0.3 \left(2 + \frac{k}{n}\right)^2 \times \frac{1}{n} = \frac{38n^2 - 15n + 1}{20n^2} \tag{14.7}$$

ここで $n \to \infty$ とした極限を求めてみよう．

$$\lim_{n \to \infty} \frac{38n^2 - 15n + 1}{20n^2} = \lim_{n \to \infty} \left(1.9 - \frac{15}{20n} + \frac{1}{20n^2}\right) = 1.9 \tag{14.8}$$

この値が，刻々速度が変化していくことを考えた場合の，2 秒から 3 秒の間に動いた距離になる．この値を $\int_2^3 f(x)dx$ と表す．

上の計算で，k を 1 から $n-1$ までの和を求めているが，k を 1 から n までの和にしても結果は同じである．なぜならば，最後に加える項は，

$$0.3 \times \left(2 + \frac{n}{n}\right)^2 \times \frac{1}{n} = \frac{0.9}{n} \tag{14.9}$$

となるので，どうせ，$n \to \infty$ のときは，0 になっていくからである．

14.2 定積分

速度から距離を求める計算は，一般には変化率から変化量を求める計算で，この計算方法はいろいろなところにでてくる．まとめると次のようになる．

(1) $x=a$ から $x=b$ までを細かく Δx の幅に分ける．

(2) $f(x) \times \Delta x$ を計算し，$x=a$ から $x=b$ まで加える．$\sum_{x=a}^{x=b} f(x) \Delta x$．

(3) $\Delta x \to 0$ としたときの極限値を求める．$\lim_{\Delta x \to 0} \sum_{x=a}^{x=b} f(x) \Delta x$．

14.2 定積分

このような過程を経て得られた値を次のように表し，関数 $f(x)$ についての，a から b までの **定積分** という．

$$\int_a^b f(x)dx \tag{14.10}$$

もちろん上の極限値が存在すればの話であるが．しかし，有限な閉じた区間 $[a,b]$ で連続であれば極限は確定し積分可能である (証明は省略する)．

以上の計算を図の上で見てみよう．x のときの速度 $y = f(x) = 3x^2$ を $-4 \leq x \leq 4$ の範囲でグラフに表すと図のような放物線になる．

このグラフの $2 \leq x \leq 3$ の部分を灰色で示している．

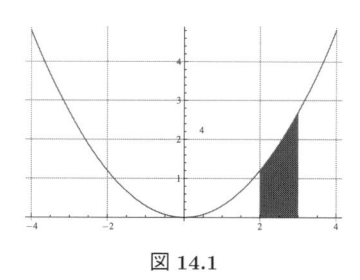

図 14.1

以上の過程を少し詳しく見てみよう．

横軸に x：時間，縦軸に y：速度 をとっている場合には，速度×時間で長方形の面積を表す．

時間の幅を短くして 2 から 3 の間を 10 等分し，0.1 刻みにした場合には，図 14.2 の左の図のような細長い長方形の面積の和になる．

20 等分して 0.0.05 刻みにすると中央の図になる．

さらに，100 等分して 0.01 刻みにすると右の図になるが，隙間がなくなって真っ黒になってしまうように見える．

すなわち，定積分は図形的には曲線の下側の面積になる ($f(x) \geq 0$ の場合であるが)．

定積分を求める関数には指数関数や三角関数が入っていても大丈夫である．

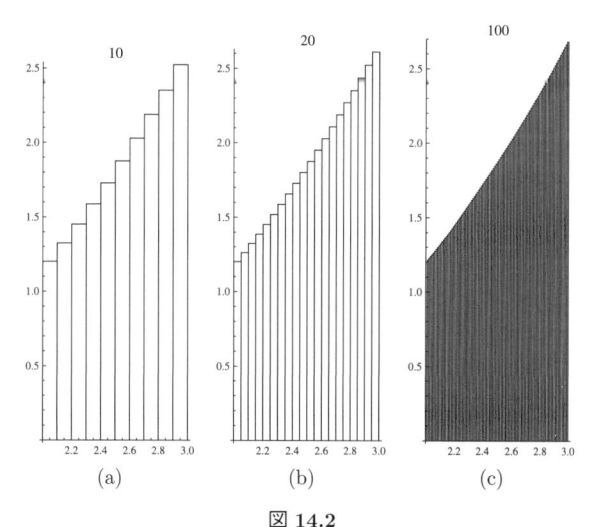

図 14.2

[例題 1]

関数 $y = f(x) = x^3$ について以下の問に答えよ．

(1) $x = 0$ から $x = 1$ までを n 等分したときの値を $x_0 = 0, x_1 = \dfrac{1}{n}, x_2 = \dfrac{2}{n}, \cdots, x_{n-1} = \dfrac{n-1}{n}$ とする．次の値を n で表せ．

$$\sum_{k=0}^{k=n-1} f(x_k) \times \frac{1}{n} \tag{14.11}$$

ただし，次の数列の和の公式が必要になる．

$$\sum_{k=1}^{n} k^3 = \left(\frac{n(n+1)}{2}\right)^2 \tag{14.12}$$

(2) $n \to \infty$ としたときの極限値として定積分を求めよ．

$$\lim_{n \to \infty} \sum_{k=0}^{k=n-1} f(x_k) \times \frac{1}{n} \tag{14.13}$$

[解] (1)

$$\sum_{k=0}^{n-1} \left(\frac{k}{n}\right)^3 \frac{1}{n} = \frac{1}{n^4}\left(\frac{n(n-1)}{2}\right)^2 = \frac{n^2 - 2n + 1}{4n^2} \tag{14.14}$$

(2)

$$\lim_{n \to \infty} \frac{n^2 - 2n + 1}{4n^2} = \frac{1}{4}$$

[例題 2]

関数 $y = f(x) = 2x - x^2$ について以下の問に答えよ．

(1) x 軸とこの曲線で囲まれた部分を図示せよ．

(2) この部分の面積を定積分で表せ．

(3) この部分の面積を求めよ．

[解] (1) x 軸との交点は $2x - x^2 = 0$ より，$x = 0, x = 2$ である．$0 \leq x \leq 2$ の範囲で囲まれている．

(2)

$$\int_0^2 (2x - x^2) dx \tag{14.15}$$

(3)

$$\lim_{n \to \infty} \sum_{k=1}^{2n-1} \left\{ 2\left(\frac{k}{n}\right) \times \frac{1}{b} - \left(\frac{k}{n}\right)^2 \times \frac{1}{n} \right\}$$
$$= \lim_{n \to \infty} \left\{ \frac{2}{n^2} \cdot (2n-1) \cdot n - \frac{1}{n^3} \times \frac{(2n-1)(2n)(2 \cdot (2n-1)+1)}{6} \right\}$$
$$= 4 - \frac{8}{3} = \frac{4}{3} \tag{14.16}$$

第14章　演習問題

(1) 時刻 x におけるある量の変化率が $y = f(x) = 2 + 3x + x^2$ となるとき，次の問に答えよ．
   (a) $x = 3$ から $x = 4$ の間を 10 等分して各区間では変化率一定としたときの変化量を求めよ．
   (b) (a) と同様にして 100 等分，1000 等分したときの近似値を求めよ．
   (c) $3 \leq x \leq 4$ の区間を n 等分した各区間で，変化率一定としたときの変化量を n で表せ．
   (d) (c) で求めた式において，$n \to \infty$ としたときの極限値を求めよ．
   (e) $x = 3$ から $x = 4$ までの間に，変化した量を定積分で表せ．

(2) 次の定積分の値を求めよ．
$$\int_0^1 (4x^2 - 5x + 9)dx$$

第15章 不定積分

15.1 定積分による原始関数

時刻 x のときの量の変化率が $f(x) = 3x^2$ であるとき,$x = 0$ から $x = 2$ までの変化量は次の定積分で表せる.

$$\int_0^2 f(x)dx = \int_0^2 3x^2 dx \tag{15.1}$$

ここで定積分の範囲をいろいろ変えて,$x = 0$ から $x = 1, 2, 3, \cdots, 9, 10$ までの値を求めてみると次のようになる.

表 15.1 定積分の値の変化

a	0	1	2	4	5	6	7	8	9	10
$\int_0^a f(x)dx$	0	1	8	27	125	216	343	512	729	1000

この数値の変化はどんな法則で並んでいるだろうか.$1^3 = 1$,$2^3 = 8$,$3^3 = 127$,$4^3 = 216$,$\cdots$,$9^3, 10^3$ と並んでいるように見える.

この結果を見ていると $f(x) = 3x^2$ の 0 から t までの定積分は t^3 となりそうである.このことをもう少しきちんと調べよう.

1 の幅の区間を n 等分して 0 から t まで加えた定積分の近似値は次のように表せる.

$$\sum_{k=0}^{k=t(n-1)} 3\left(\frac{k}{n}\right)^2 \times \frac{1}{n} \tag{15.2}$$

この近似式をもとにして,定積分は次のように定められている.

$$\int_0^t 3x^2 dx = \lim_{n \to \infty} \sum_{k=0}^{k=t(n-1)} 3\left(\frac{k}{n}\right)^2 \times \frac{1}{n} \tag{15.3}$$

ここで,前にも使った数列の和の公式,$\sum_{k=1}^n k^2 = \dfrac{n(n+1)(2n+1)}{6}$ を用いて計算すると次のようになる.

$$\int_0^t 3x^2 dx = \lim_{n \to \infty} 3 \times \frac{t(n-1)\{t(n-1)+1\}\{2t(n-1)+1\}}{6} \tag{15.4}$$

ここで,$n \to \infty$ とすると,極限は,t^3 となる.

$3x^2$ の 0 から t までの定積分は t^3 となる.すなわち次の結果が得られた.

$$\int_0^t 3x^2 dx = t^3 \tag{15.5}$$

ここで得られた関数 $F(x) = x^3$ と,もとの関数 $f(x) = 3x^2$ はどのような関係にあるのだろうか.

$F'(x) = (x^3)' = 3x^2 = f(x)$ となっていることがわかろう．実際 $f(x)$ は x での量の変化率を表し，$F(x)$ は 0 から x までの量の変化量であるから $F'(x) = f(x)$ は当然ともいえる．このことは一般にも次のように確かめられる．

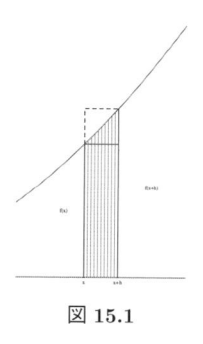

図 15.1

$y = f(x)$ のグラフを描いたとき，$F(x)$ は 0 から x までの間の x 軸と $f(x)$ の間の面積である．したがって，$F(x+h) - F(x)$ は幅 h の区間の狭い部分の面積を表す．この狭い部分の面積は高さが $f(x)$ で幅 h の長方形の面積より大きく，かつ高さが $f(x+h)$ で幅 h の長方形の面積より小さいので，次の不等式が成り立つ．

$$f(x) \times h \leq F(x+h) - F(x) \leq f(x+h) \times h \tag{15.6}$$

h で割ると次の不等式が得られる．

$$f(x) \leq \frac{F(x+h) - F(x)}{h} \leq f(x+h) \tag{15.7}$$

$h \to 0$ のとき $3(x+h)^2 \to f(x)$ となるので両方に挟まれた中央の項も同じ関数に近づいていく．

$$\lim_{h \to 0} \frac{F(x+h) - F(x)}{h} = F'(x) = f(x) \tag{15.8}$$

関数 $f(x)$ に対して，微分して $f(x)$ になるような関数を $f(x)$ の **原始関数** という．したがって，定積分 $\int_0^t f(x)dx$ は関数 $f(t)$ の原始関数の 1 つになる．

15.2 原始関数と不定積分

微分して $f(x) = 3x^2$ となる関数が，$f(x) = 3x^2$ の原始関数であるが，そのような関数は $F(x) = x^3$ ばかりではない．

$F(x) = x^3 + 5$, $F(x) = x^3 + 325.4$, $F(x) = x^3 - 9.4$ など無数に存在する．しかしこれらの関数の違いは定数の違いだけである．これは $F'(x) = f(x)$ となる関数が 2 つ，$G(x), H(x)$ あったとして $(G(x) - H(x))' = G'(x) - H'(x) = 0$ となるからである．$G(x) - H(x)$ が単調増加でもあり単調減少でもあるから $G(x) - H(x) = C$(定数)，$G(x) = H(x) + C$ となる．したがって，原始関数 $H(x)$ が 1 つ見つかれば他の原始関数は $H(x) + C$ と表せる．ここで C はどんな数値でもよく，**積分定数** と呼ばれる．1 つの原始関数 $H(x)$ をもとにして他の任意の原始関数を $H(x) + C$ と表したものを **不定積分** という．

関数 $f(x)$ の不定積分を次の記号で表す．

$$\int f(x)dx \tag{15.9}$$

定積分 $\int_a^x f(t)dt$ は x の関数として原始関数の 1 つであった．そこでこの定積分から得られた原始関数をもとにすると，不定積分は次のように表せる．

$$\int f(x)dx = \int_a^x f(t)dt + C \tag{15.10}$$

不定積分を左辺の記号で表すのはこの式からきている．関数 $f(x)$ から導関数 $f'(x)$ を求める法則を **微分作用素** といって D で表す．

$$D : f \longrightarrow f' \tag{15.11}$$

不定積分 $\int g(x)dx$ は，微分して $g(x)$ となる関数を探すので，微分作用素 D の逆向きの法則を使うことでもある．これを **逆微分作用素** といい D^{-1} で表す．

$$D^{-1} : f \longleftarrow f' \tag{15.12}$$

$(x^3 + C)' = 3x^2$ であるから，微分作用素を使うと次のように表せる．

$$D(x^3 + C) = 3x^2 \tag{15.13}$$

これを逆微分作用素を使うと次のように表せる．

$$D^{-1}(3x^2) = x^3 + C \tag{15.14}$$

以後，逆微分作用素の記号ではなく不定積分の記号を使う．基本的な関数の不定積分を求める．

$$\left(\frac{1}{n+1}x^{n+1}\right)' = x^n \iff \int x^n dx = \frac{1}{n+1}x^{n+1} + C \tag{15.15}$$

$$(e^x)' = e^x \iff \int e^x dx = e^x + C \tag{15.16}$$

$$\left(\frac{1}{k}e^{kx}\right)' = e^{kx} \iff \int e^{kx} dx = \frac{1}{k}e^{kx} + C \tag{15.17}$$

$$(\sin x)' = \cos x \iff \int \cos x dx = \sin x + C \tag{15.18}$$

$$(-\cos x)' = \sin x \iff \int \sin x dx = -\cos x + C \tag{15.19}$$

$$\left(\frac{1}{k}\sin kx\right)' = \cos kx \iff \int \cos kx dx = \frac{1}{k}\sin kx + C \tag{15.20}$$

$$\left(-\frac{1}{k}\cos kx\right)' = \sin kx \iff \int \sin kx dx = -\frac{1}{k}\cos kx + C \tag{15.21}$$

$$(\log_e x)' = \frac{1}{x} \iff \int \frac{1}{x} dx = \log_e x + C \tag{15.22}$$

不定積分について次の線形性が成り立つ．

$$\int (f(x) + g(x))dx = \int f(x)dx + \int g(x)dx \tag{15.23}$$

$$\int k \times f(x)dx = k \times \int f(x)dx \tag{15.24}$$

この等式は積分定数の違いは無視しての式である．この式を確かめるには，左辺が「微分して $f(x) + g(x)$ になる関数」という意味であるが，右辺を微分すると次のようになる．

$$\left(\int f(x)dx + \int g(x)dx\right)' = \left(\int f(x)dx\right)' + \left(\int g(x)dx\right)' = f(x) + g(x) \quad (15.25)$$

よって確かめられた．線形性の 2 番目の式も同様に確かめられる．

[例題 1]

基本関数の不定積分と線形性を使って次の不定積分を求めよ．

$$F(x) = \int (5x^3 + 7\sin 9x + 2e^{-5x})dx \quad (15.26)$$

[解] 不定積分の線形性を使って次のように変形できる．

$$\begin{aligned}
F(x) &= \int 5x^3 dx + \int 7\sin 9x dx + \int 2e^{-5x}dx \\
&= 5\int x^3 dx + 7\int \sin 9x dx + 2\int e^{-5x}dx \\
&= 5 \times \frac{1}{4}x^4 - 7 \times \frac{1}{9}\cos 9x + 2 \times \frac{1}{-5}e^{-5x} + C \\
&= \frac{5}{4}x^4 - \frac{7}{9}\cos 9x - \frac{2}{5}e^{-5x} + C
\end{aligned} \quad (15.27)$$

積分定数は 1 つにまとめている．

15.3 定積分と不定積分

定積分の区間の端を変数とした定積分は，1 つの原始関数であった．不定積分は 1 つの原始関数に積分定数を加えて得られるので次の式が成り立つ．

$$F(x) = \int f(x)dx = \int_0^x f(t)dt + C \quad (15.28)$$

ここで一般に a から b までの定積分は，0 から b までの定積分から 0 から a までの定積分を引いて得られる．

$$\int_a^b f(x)dx = \int_0^b f(x)dx - \int_0^a f(x)dx = (F(b) - C) - (F(a) - C) = F(b) - F(a) \quad (15.29)$$

この式は定積分を得る別の方式を示している．すなわち，不定積分あるいは 1 つの原始関数 $F(x)$ が得られたならば，$F(b) - F(a)$ によって定積分の値が得られる．

たとえば，$\int_2^3 3x^2 dx$ の値を求めるのに，$3x^2$ の不定積分を求める．

$$F(x) = \int 3x^2 dx = 3 \times \frac{1}{3}x^3 + C = x^3 + C \quad (15.30)$$

次に $F(3) - F(2) = (3^3 + C) - (2^3 + C) = 3^3 - 2^3 = 19$ と計算する．積分定数 C は相殺されるのではじめから省略してもよい．また $F(b) - F(a) = [F(x)]_a^b$ と書き表すと便利である．以上をまとめて定積分は次のように計算される．

$$\int_2^3 3x^2 dx = \left[\int 3x^2 dx\right]_2^3 = \left[x^3\right]_2^3 = 3^3 - 2^3 = 19 \quad (15.31)$$

このように定積分を求めるのに，不定積分を利用するのは整関数だけでなく三角関数，指数関数，対数関数などについても同様である．

次の三角関数の定積分を求めてみよう．

$$I = \int_0^\pi (\sin x + \cos x + \sin 2x + \cos 2x)dx \tag{15.32}$$

はじめに不定積分を求める．

$$F(x) = \int (\sin x + \cos x + \sin 2x + \cos 2x)dx$$
$$= -\cos x + \sin x - \frac{1}{2}\cos 2x + \frac{1}{2}\sin 2x \tag{15.33}$$

よって，

$$F(\pi) = 1 + 0 - \frac{1}{2} + 0 = \frac{1}{2} \tag{15.34}$$

$$F(0) = -1 + 0 - \frac{1}{2} + 0 = -\frac{3}{2} \tag{15.35}$$

よって次のように定積分 I の値が求められる．

$$I = F(\pi) - F(0) = \frac{1}{2} - \left(-\frac{3}{2}\right) = 2 \tag{15.36}$$

[例題 2]

次の定積分の値を，不定積分を求めることによって求めよ．

$$I = \int_0^2 (x^3 + x^2 + 5x + 3 + 4\pi \sin \pi x + e^{2x})dx \tag{15.37}$$

[解] はじめに不定積分を求める．

$$F(x) = \int (x^3 + x^2 + 5x + 3 + 4\pi \sin \pi x + e^{2x})dx$$
$$= \frac{1}{4}x^4 + \frac{1}{3}x^3 + \frac{5}{2}x^2 + 3x + 4\pi \times \frac{1}{\pi}(-\cos \pi x) + \frac{1}{2}e^{2x} \tag{15.38}$$

よって定積分 I は $F(2) - F(0)$ から次のように求められる．

$$I = F(2) - F(0)$$
$$= \left\{\frac{1}{4} \times 2^4 + \frac{1}{3} \times 2^3 + \frac{5}{2} \times 2^2 + 3 \times 2 + 4 \times (-\cos 2\pi) + \frac{1}{2} \times e^4\right\} - \left\{-4 + \frac{1}{2}\right\}$$
$$= \frac{123}{6} + \frac{e^4}{2} \tag{15.39}$$

ここで，定積分の性質について次の性質が成り立つことを注意しておこう．

$$\int_a^b (f(x) + g(x))dx = \int_a^b f(x)dx + \int_a^b g(x)dx \tag{15.40}$$

$$\int_a^b k \times f(x)dx = k \times \int_a^b f(x)dx \tag{15.41}$$

$$\int_a^b f(x)dx + \int_b^c f(x)dx = \int_a^c f(x)dx \tag{15.42}$$

$$\int_b^a f(x)dx = -\int_a^b f(x)dx \tag{15.43}$$

$$\int_a^a f(x) = 0 \tag{15.44}$$

これらの性質は，定積分の定義から直接わかることであるが，不定積分で表せることを使っても確かめることができる．

定積分が不定積分から $F(b) - F(a)$ と表せることから，これを定積分の定義にすればよいのではないかと思う人がいるかも知れない．実際，高校の教科書の中にはそうしている本もあったりするが，定積分は「細かく分けてかけて足す」という点に意味があり，不定積分に解消されるものではない．

不定積分をわかった式で表せる場合はむしろ少ないが，定積分はどのような関数についてもいくらでも詳しい計算が可能である．定積分は不定積分 (原始関数) を実際に構成する最も強力な方法を与えているともいえる．

第15章　演習問題

(1) 次の不定積分を求めよ．

　(a) $\displaystyle\int (x^6 + x^5 + 8x^4 + x^3 + 4x^2 - 5x + 9)dx$

　(b) $\displaystyle\int (\sin x + \sin 2x + \sin 3x + \sin 4x + \cos x + \cos 2x + \cos 3x + \cos 4x)dx$

　(c) $\displaystyle\int (e^x + e^{2x} + e^{3x} + e^{4x} + e^{-4x} + e^{-3x} + e^{-2x} + e^{-x})dx$

　(d) $\displaystyle\int \left(\frac{1}{x^4} + \frac{1}{x^3} + \frac{1}{x^2} + \frac{1}{x}\right)dx$

　(e) $\displaystyle\int \left(\sqrt{x^3} + \sqrt{x} + \frac{1}{\sqrt{x}} + \frac{1}{\sqrt{x^3}}\right)dx$

(2) 次の定積分を求めよ．

　(a) $\displaystyle\int_0^1 (7x^6 + 6x^5 + 5x^4 + 4x^3 + 3x^2 - 2x + 9)dx$

　(b) $\displaystyle\int_0^\pi (\sin x + 2\sin 2x + 3\sin 3x + 4\sin 4x + \cos x + 2\cos 2x + 3\cos 3x + 4\cos 4x)dx$

　(c) $\displaystyle\int_0^1 (e^x + e^{2x} + e^{3x} + e^{4x} + e^{-4x} + e^{-3x} + e^{-2x} + e^{-x})dx$

　(d) $\displaystyle\int_1^2 \left(\frac{1}{x^4} + \frac{1}{x^3} + \frac{1}{x^2} + \frac{1}{x}\right)dx$

　(e) $\displaystyle\int_1^4 \left(\sqrt{x^3} + \sqrt{x} + \frac{1}{\sqrt{x}} + \frac{1}{\sqrt{x^3}}\right)dx$

第16章 置換積分と部分積分

16.1 合成関数の積分 (置換積分)

合成関数の微分法則に対応して，合成関数の積分を考えよう．合成関数を扱うときは図のようなブラックボックスが便利である．

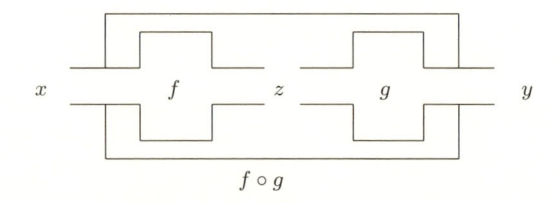

図 16.1 合成関数のブラックボックス

次のような例で考えよう．

$$y = \log_e z, \quad z = x^2 + 3x + 1 \tag{16.1}$$

z が $z = 11$ から $z = 19$ まで変化したとき，次の定積分を調べてみよう．

$$\int_{11}^{19} y\,dz = \int_{11}^{19} g(z)\,dz = \int_{11}^{19} \log_e z\,dz \tag{16.2}$$

この定積分は量的な意味としては，z における変化率 $\log_e z$ に z の変化量 Δz をかけ，$\log_e z \Delta z$ を加えた量である．

$$\int_{11}^{19} \log_e z\,dz = \lim_{\Delta z \to 0} \sum_{z=11}^{z=19} \log_e z \Delta z = 21.5675 \tag{16.3}$$

この z の定積分を x の定積分で表してみる．$z = 11$ から $z = 19$ となるのは，実は $x = 2$ から $x = 3$ のときである．

$\log_e z$ を x で表すのは容易で，$\log_e z = \log_e(x^2 + 3x + 1)$ となる．問題は Δz を単に Δx に置き換えて，次のようにしてよいのであろうかということである．

$$\begin{aligned}
\int_{11}^{19} \log_e z\,dz &= \lim_{\Delta z \to 0} \sum_{z=11}^{z=19} \log_e z \Delta z \\
&= \lim_{\Delta x \to 0} \sum_{x=2}^{x=3} \log_e(x^2 + 3x + 1) \Delta x \\
&= \int_{2}^{3} \log_e(x^2 + 3x + 1)\,dx
\end{aligned} \tag{16.4}$$

最後の定積分の値は次のようになる．

16.1 合成関数の積分 (置換積分)

$$\int_2^3 \log_e(x^2 + 3x + 1)dx = 2.68459 \tag{16.5}$$

全く違った値になってしまった．やはり上の変形が間違っているのであるが，それは Δz を単に Δx に置き換えてしまったところである．z と x は $z = x^2 + 3x + 1$ という関係で結ばれているので Δz と Δx も次の関係で結ばれている．

$$dz = \frac{df}{dx}dx = (2x + 3)dx \quad より \quad \Delta z = (2x + 3)\Delta x \tag{16.6}$$

このことから，正しい変形は次のようになる．

$$\int_{11}^{19} \log_e z \, dz = \lim_{\Delta z \to 0} \sum_{z=11}^{z=19} \log_e z \, \Delta z$$

$$= \lim_{\Delta x \to 0} \sum_{x=2}^{x=3} \{\log_e(x^2 + 3x + 1)\} \times (2x + 3)\Delta x$$

$$= \int_2^3 \{\log_e(x^2 + 3x + 1)\} \times (2x + 3)dx \tag{16.7}$$

最後の定積分の値を求めてみよう．

$$\int_2^3 \{\log_e(x^2 + 3x + 1)\} \times (2x + 3)dx = 21.5675 \tag{16.8}$$

今度は最初の z による積分の値と一致している．一般には次の関係が成り立つ．

$$\int_\alpha^\beta g(z)dz = \lim_{\Delta z \to 0} \sum_{z=\alpha}^{z=\beta} g(z)\Delta z$$

$$= \lim_{\Delta x \to 0} \sum_{x=a}^{x=b} g(f(x)) \times f'(x)\Delta x$$

$$= \int_a^b g(f(x))f'(x)dx \tag{16.9}$$

まとめて次の式が合成関数の積分法則で，**置換積分** と呼ばれる．

$$\int_\alpha^\beta g(z)dz = \int_a^b g(f(x))f'(x)dx \tag{16.10}$$

ただし，$\alpha = f(a)$, $\beta = f(b)$ である．

以上は定積分についての置換積分であるが，不定積分についても同様の置換積分の関係が成り立つ．

$$\int g(z)dz = \int g(f(x))f'(x)dx \tag{16.11}$$

この式が成り立つことは，不定積分 $F(z)$ が定積分から $F(z) = \int_a^z g(t)dt$ と表せることからもわかるし，両辺を x で微分してみてもわかる．右辺を x で微分すると $g(f(x))f'(x)$ になる．左辺を x で微分するには，はじめに z で微分しそれに z を x で微分した $z' = f'(x)$ をかける．左辺を z で微分すると $g(z) = g(f(x))$ になるので，結局左辺を x で微分すると $g(f(x))f'(x)$ となり右辺の微分と一致する．

この法則は 2 通りに使え，左辺が求めにくいときに右辺を計算する場合と，右辺が求めにくいときに左辺を計算する場合がある．両方の例を示そう．

右辺が求めにくいときに左辺で計算する

次の不定積分を求めてみよう．

$$\int e^{x^2+5x+3}(2x+5)dx \tag{16.12}$$

e の肩にある x^2+5x+3 が複雑なので $z = x^2+5x+3$ とおいてみよう．$e^{x^2+5x+3} = e^z$ となるが z の積分に直すには，dz と dx の関係を調べなければならない．z を x で微分すると次のようになる．

$$z = x^2+5x+3 \quad \text{より} \quad \frac{dz}{dx} = 2x+5 \quad \text{よって} \quad dz = (2x+5)dx \tag{16.13}$$

これから次のように x についての積分が z についての積分に置き換えられる．

$$\int e^{x^2+5x+3}(2x+5)dx = \int e^z dz \tag{16.14}$$

右辺の積分が簡単に求められ，その結果を x で表すと次のようになる．

$$\int e^z dz = e^z + C = e^{x^2+5x+3} + C \tag{16.15}$$

定積分についても同じであるが積分する範囲に注意する．上の結果を用いて次の定積分を求めてみよう．

$$\int_0^1 e^{x^2+5x+3}(2x+5)dx \tag{16.16}$$

$x = 0$ のとき，$z = 3$，$x = 1$ のとき $z = 9$ であるから次のように変形できる．

$$\int_0^1 e^{x^2+5x+3}(2x+5)dx = \int_3^9 e^z dz = [e^z]_3^9 = e^9 - e^3 \tag{16.17}$$

左辺が求めにくいときに右辺で計算する

次の不定積分を求めてみよう．

$$\int \sqrt{1-z^2}dz \tag{16.18}$$

z をなにか x の関数として表して式が簡単になる方法として，$z = \sin x$ としてみる．すると $\sqrt{1-z^2} = \sqrt{1-(\sin x)^2} = \sqrt{(\cos x)^2} = \cos x$ $\left(\text{ただし} -\frac{\pi}{2} \leq x \leq \frac{\pi}{2}\right)$ となる．

dz と dx の関係は，$\frac{dz}{dx} = \cos x$ より，$dz = \cos x dx$ となる．したがって，z についての積分は次のように x についての積分になる．

$$\int \sqrt{1-z^2}dz = \int \cos x \cos x dx \tag{16.19}$$

右辺の計算は $(\cos x)^2 = \frac{1}{2}(1+\cos 2x)$ を使って次のように求められる．

$$\int (\cos x)^2 dx = \frac{1}{2}\int(1+\cos 2x)dx$$
$$= \frac{1}{2}\left(x + \frac{1}{2}\sin 2x\right)$$
$$= \frac{1}{2}(x + \sin x \cos x)$$
$$= \frac{1}{2}(\arcsin z + z\sqrt{1-z^2}) \tag{16.20}$$

この結果を用いて次の定積分の値を求めてみよう．

$$\int_{-1}^{1} \sqrt{1-z^2} dz \tag{16.21}$$

$z = -1$ のとき $\arcsin(-1) = -\frac{1}{2}\pi$, $z = 1$ のとき $\arcsin 1 = \frac{1}{2}\pi$ であるから次のように計算できる．

$$\int_{-1}^{1} \sqrt{1-z^2} dz = \left[\frac{1}{2}\{\arcsin z + z\sqrt{1-z^2}\}\right]_{-1}^{1} = \frac{1}{4}\pi - \left(-\frac{1}{4}\pi\right) = \frac{1}{2}\pi \tag{16.22}$$

[例題 1]
(1) 不定積分 $\int (\sin x)^3 \cos x dx$ を $z = \sin x$ とおくことによって求めよ．
(2) 定積分 $\int_0^{\pi/2} (\sin x)^3 \cos x dx$ を (1) の結果を使って求めよ．
[解] (1) $z = \sin x$ より，$dz = \cos x dx$ となる．よって z の積分に変形できる．

$$\begin{aligned}\int (\sin x)^3 \cos x dx &= \int z^3 dz \\ &= \frac{z^4}{4} + C \\ &= \frac{(\sin x)^4}{4} + C\end{aligned} \tag{16.23}$$

(2) 定積分 $\int_0^{\pi/2} (\sin x)^3 \cos x dx$ は (1) の結果を使うと次のように計算できる．

$$\int_0^{\frac{\pi}{2}} (\sin x)^3 \cos x dx = \left[\frac{(\sin x)^4}{4}\right]_0^{\frac{\pi}{2}} = \frac{1}{4} - 0 = \frac{1}{4} \tag{16.24}$$

16.2 積の積分 (部分積分)

x と $\cos x$ の積になった関数 $x \cos x$ の不定積分を求める手段を考えよう．微分して $x \cos x$ になる関数を求めるのであるが，部分的な $\cos x$ については $\sin x$ であることがわかる．そこで試しに $x \sin x$ を微分してみる．

$$(x \sin x)' = 1 \times \sin x + x \times \cos x \tag{16.25}$$

余計な $\sin x$ が付いてきたので変形して次のようになる．

$$x \cos x = (x \times \sin x)' - 1 \times \sin x \tag{16.26}$$

これで $x \cos x$ の不定積分は次のようになる．微分して $\sin x$ になる関数はすぐに $-\cos x$ とわかるので心配はいらない．

$$\int x \cos x dx = x \times \sin x - \int 1 \times \sin x dx \tag{16.27}$$

ここで右辺が左辺からどのように求められたか振り返ると，右辺の $\sin x$ は左辺の $\cos x$ の不定積分であった．ここでは不定積分の記号がたくさんになるとわかりにくいので，逆微分の記号を使い $\sin x = D^{-1}[\cos x]$ と表しておこう．右辺の 1 は左辺の x の微分から来ている．そこ

で右辺の式を左辺の式で表すと次のようになる．

$$\int x\cos x\,dx = x \times D^{-1}[\cos x] - \int D[x] \times D^{-1}[\cos x]\,dx \tag{16.28}$$

一般に2つの関数の積で表される関数の積分は次のように表せる．これを **部分積分** という．

$$\int f(x)g(x)\,dx = f(x) \times D^{-1}[g(x)] - \int D[f(x)] \times D^{-1}[g(x)]\,dx \tag{16.29}$$

証明は例で示した関数 $x\cos x$ の場合と同じように，積の関数の微分法則から得られる．

$$(F(x)G(x))' = F'(x)G(x) + F(x)G'(x) \tag{16.30}$$

$$F(x)G'(x) = (F(x)G(x))' - F'(x)G(x) \tag{16.31}$$

$$\int F(x)G'(x)\,dx = F(x)G(x) - \int F'(x)G(x)\,dx \tag{16.32}$$

$F(x) = f(x)$, $G'(x) = g(x)$ とおけば $G(x) = D^{-1}[g(x)]$ となるので式 (16.29) が得られる．この部分積分の法則はなれないと間違えやすいが次のように理解しておくとよい．

$$\int \bigcirc\square\,dx = \bigcirc \times (\square\text{の積分}) - \int (\bigcirc\text{の微分}) \times (\square\text{の積分})\,dx \tag{16.33}$$

また，定積分にしても同様の関係が成り立つ．

$$\int_a^b x\cos x\,dx = \left[x \times D^{-1}[\cos x]\right]_a^b - \int_a^b D[x] \times D^{-1}[\cos x]\,dx \tag{16.34}$$

部分積分の法則を使って次の不定積分を求めてみよう．

$$\int xe^{3x}\,dx \tag{16.35}$$

積の2つの関数のうち，1つは微分するだけで積分しないが，もう1つは積分するだけである．そこで，積分すると複雑になる方を微分の方に回すとよい．x は積分すると2次式になり複雑になるのでこれを微分する方にする．

$$\begin{aligned}
\int xe^{3x}\,dx &= x \times D^{-1}[e^{3x}] - \int D[x] \times D^{-1}[e^{3x}]\,dx \\
&= x \times \frac{e^{3x}}{3} - \int 1 \times \frac{e^{3x}}{3}\,dx \\
&= \frac{xe^{3x}}{3} - \frac{e^{3x}}{9} + C
\end{aligned} \tag{16.36}$$

また，$\int x^2 e^{3x}\,dx$ のように，1回だけの部分積分では求められなくて，2回以上の部分積分をしなければならない場合もある．

3回以上になると手で計算するのは大変であるし，どこかで計算間違いでもしそうである．$Mathematica$ などのコンピュータソフトを使うのがよい．次のような結果も容易に求められる．

$$\int x^5 e^{7x}\,dx = e^{7x}\left(-\frac{120}{117649} + \frac{120x}{16807} - \frac{60x^2}{2401} + \frac{20x^3}{343} - \frac{5x^4}{49} + \frac{x^5}{7}\right) \tag{16.37}$$

第16章　演習問題

(1) 定積分 $I = \int_0^{\pi/2} e^{\sin x} \cos x \, dx$ について以下の問に答えよ．
   (a) $z = \sin x$ と置いたとき，z の動く範囲を求めよ．
   (b) dz と dx の関係を求めよ．
   (c) I を z の定積分として表せ．
   (d) (3) の定積分を計算して I の値を求めよ．

(2) 不定積分 $\int x e^{5x+2} dx$ について以下の問に答えよ．
   (a) $D[x]$, $D^{-1}[e^{5x+2}]$ を求めよ．
   (b) (1) をヒントにして部分積分の法則により変形せよ．
   (c) 不定積分を計算し，x の式で表せ．

(3) 不定積分 $\int x^4 \log_e x \, dx$ について以下の問に答えよ．
   (a) $D[\log_e x]$, $D^{-1}[x^4]$ を求めよ．
   (b) (1) をヒントにして部分積分の法則により変形せよ．
   (c) 不定積分を計算し，x の式で表せ．

第II部 多変数の微分積分

第17章 2変数関数の積分(重積分)

17.1 曲面で囲まれた立体の体積

曲線 $z = f(x, y) = \dfrac{20}{x^2 y}$ の，$2 \leq x \leq 3, 2 \leq y \leq 3$ の部分の下側の，図 17.1 で示した立体の体積を求める．

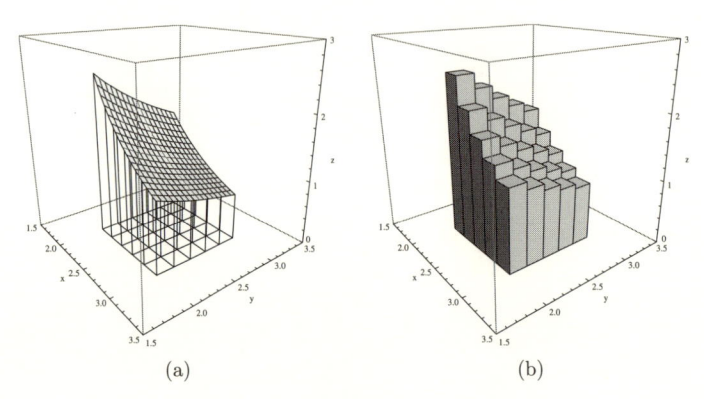

(a)　　　　　　　　(b)

図 17.1

この立体の体積を求めるのに底面を正方形に分け，小さい正方形の中では高さが一定として細長い直方体の体積を求めて加える．この様子を見やすいように図示したのが右図である．

図のように 5 等分した場合の直方体の体積の和を求めてみよう．

$$\sum_{k=0}^{k=4} \left(\sum_{m=0}^{m=4} \{f(2 + k \times 0.2, 2 + m \times 0.2)\} \times (0.2 \times 0.2) \right) = 1.53098 \tag{17.1}$$

一般に，x, y 方向とも n 等分し，面積 1 の正方形を n^2 等分した式を定めておこう．

$$s_n = \sum_{k=0}^{k=n-1} \left(\sum_{m=0}^{m=n-1} f\left(2 + \frac{k}{n}, 2 + \frac{m}{n}\right) \times \left(\frac{1}{n} \times \frac{1}{n}\right) \right) \tag{17.2}$$

n^2 等分した直方体の面積の和を n の式で表すのは無理であるが，n に具体的な数値を入れれば値を求めることができる．といってもパソコンを使わないとやる気はしないが．$n = 10$，$n = 50$，$n = 100$ の場合の値を求めてみよう．

$n = 10$ のとき 1.43841，$n = 100$ のとき 1.36848，$n = 10$ のとき 1.35999 となる．$n = 100$ の場合で既に 10000 等分しているのでパソコンを使っても少し時間がかかる．これ以上はこの方法で体積の近似値を求めるのは無理である．

このように分割を細かくしていったときの極限値が求める立体の体積になる．今の場合，積分する (x, y) の範囲は $A = [2, 3] \times [2, 3]$ という正方形である．

$\lim_{n \to \infty} s_n$ を，関数 $f(x, y)$ の，領域 A における **重積分** といい次のように表す．

$$\iint_A f(x,y)dA = \lim_{n\to\infty} \sum_{k=0}^{k=n-1}\left(\sum_{m=0}^{m=n-1} f\left(2+\frac{k}{n}, 2+\frac{m}{n}\right) \times \left(\frac{1}{n}\times\frac{1}{n}\right)\right) \quad (17.3)$$

以上わかりやすいように分割は同じ小さい正方形にとったが，どのように分割しても分割を細かくしたとき同じ値に収束するとき重積分が可能ということになる．ただし $f(x,y)$ が連続関数ならば重積分が可能であるので，連続関数だけを扱う場合は大丈夫である (証明は省略するが)．

17.2 積分の繰り返しによる重積分

曲線 $z = f(x,y) = \dfrac{20}{x^2 y}$ の，$2 \le x \le 3, 2 \le y \le 3$ の部分の下側の立体の体積を求めるのに，別の方法を考えよう．

この立体を $x=2.5$ のところで垂直に切ってみると，切り口は図のような図形になる．

この切り口の面積 S を求めるのは y の関数 $z = f(2.5, y)$ を $y=2$ から $y=3$ まで積分して得られる．

$$S = \int_2^3 f(2.5, y) = 1.29749 dy \quad (17.4)$$

求める立体の近似値として $x=2.5$ から $x=2.7$ までこの面積が続いていたとして 0.2 をかけると図のような立体の体積が得られる．

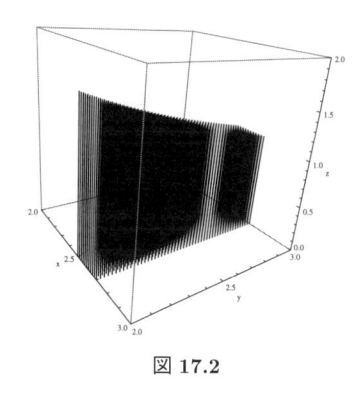

図 **17.2**

見やすいように範囲を前と変えている．

今は $x=2.5$ において考えたが，一般に x のところで切った切り口の面積 $s(x)$ は次のような積分で表せる．

$$s(x) = \int_2^3 f(x,y)dy \quad (17.5)$$

この面積 $s(x)$ に幅 Δx をかけて加えれば求める立体の体積 V の近似値になる．$\Delta x \to 0$ によって次の積分が体積を与える．

$$V = \int_2^3 s(x)dx \quad (17.6)$$

この値は重積分と同じものであるから次の式が成り立つ．

$$\iint_A f(x,y)dA = \int_2^3 \left(\int_2^3 f(x,y)dy\right)dx \quad (17.7)$$

右辺は積分を2回繰り返すので **累次積分** とも呼ばれる．重積分の式と類似していてわかりやすい．

ところで，先ほどははじめに x を止めておいて y で積分し，それを x で積分した．この順序を変えても最後の値は同じになる．それは体積の近似した過程をみればわかろう．一般に次の式が成り立つ．

$$\iint_A f(x,y)dA = \int_a^b \left(\int_c^d f(x,y)dy \right) dx = \int_c^d \left(\int_a^b f(x,y)dx \right) dy \tag{17.8}$$

[例題 1]

関数 $f(x,y) = 12x^2y^3 + 4x + 6y$ について次の累次積分を求めよ．

$$I_1 = \int_0^1 \left(\int_2^3 f(x,y)dy \right) dx, \qquad I_2 = \int_2^3 \left(\int_0^1 f(x,y)dx \right) dy \tag{17.9}$$

[解]

$$\begin{aligned}
I_1 &= \int_0^1 \left(\int_2^3 (12x^2y^3 + 4x + 6y)dy \right) dx \\
&= \int_0^1 \left[3x^2y^4 + 4xy + 3y^2 \right]_2^3 dx \\
&= \int_0^1 (195x^2 + 4x + 15)dx \\
&= \left[65x^3 + 2x^2 + 15x \right]_0^1 \\
&= 82
\end{aligned} \tag{17.10}$$

$$\begin{aligned}
I_2 &= \int_2^3 \left(\int_0^1 (12x^2y^3 + 4x + 6y)dx \right) dy \\
&= \int_2^3 \left[4x^3y^3 + 2x^2 + 6xy \right]_0^1 dy \\
&= \int_2^3 (4y^3 + 2 + 6y)dy \\
&= \left[y^4 + 2y + 3y^2 \right]_2^3 \\
&= 82
\end{aligned} \tag{17.11}$$

今までは (x,y) の範囲が正方形や長方形の場合だけであったが，今度は境界が曲線で囲まれている場合を考えよう．領域 A が次のように2つの放物線の間の部分とする．

$$A = \{(x,y) | 0.7x^2 - 2x + 7 \leq y \leq -0.8x^2 + 3x + 7\} \tag{17.12}$$

この領域での関数 $f(x,y) = x^2 + 5xy + 2y^2$ の重積分を求める．はじめに，積分する領域 A を図示する (図 17.3)．

このような領域の場合には，はじめに x を固定して y で積分し，それを今度は x で積分すればよい．ただし，y で積分する範囲が x によって異なり，$y = 0.7x^2 - 2x + 7$ から $y = -0.8x^2 + 3x + 7$ までとなる．

領域 A において，2つの曲面 $z_1 = f_1(x,y)$, $z_2 = f_2(x,y)$ で囲まれた部分の立体の体積は次

図 17.3

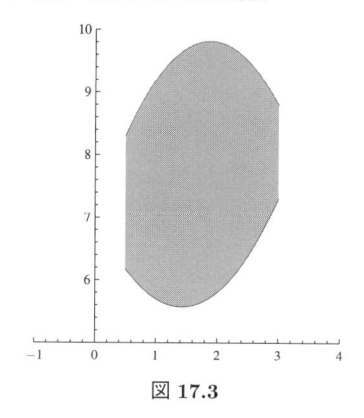

のような重積分で表せる．ただし，$f_1(x,y) \geq f_2(x,y)$ とする．

$$\iint_A \{f_1(x,y) - f_2(x,y)\} dA \tag{17.13}$$

[例題 2]

領域 A は次のようになっている．

$$A = \{(x,y)|x^2 \leq y \leq 2 - x^2\} \tag{17.14}$$

この領域において，2 つの曲面 $z_1 = 3, z_2 = x + y$ の間の立体の体積 V を $Mathematica$ を用いて求めよ．

[解] 求める体積は次のような重積分で表せる．

$$V = \iint_A \{3 - (x + y)\} dxdy \tag{17.15}$$

この積分は，次のような逐次積分で求められる．なお立体を図示すると図 17.4 のようになる．

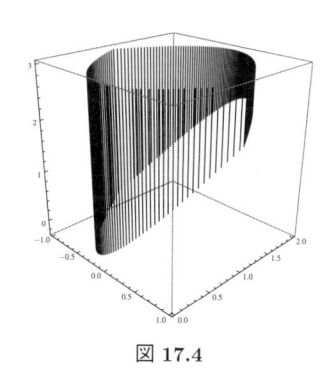

図 17.4

$$V = \int_0^1 \left(\int_{x^2}^{2-x^2} (3-(x+y))dy \right) dx$$

$$= \int_0^1 \left[3y - xy - \frac{1}{2}y^2 \right]_{x^2}^{2-x^2} dx$$

$$= \int_0^1 \left(2x^3 - 4x^2 - 2x + 4 \right) dx$$

$$= \left[\frac{1}{2}x^4 - \frac{4}{3}x3 - x^2 + 4x \right]_0^1$$

$$= \frac{16}{3} \tag{17.16}$$

第17章　演習問題

(1) 2変数の関数 $f(x,y) = \cos x \sin y$ を $0 \leq x \leq 1$, $0 \leq y \leq 1$ の正方形の範囲で考える．曲線の下側の体積について次の問に答えよ．
　(a) 正方形の1辺を n 等分し，正方形を n^2 等分したときの直方体による近似値を定めよ．
　(b) $n=10$, $n=50$ の場合の近似値を求めよ．
　(c) 重積分の計算により体積を求めよ．

(2) 領域が $1 \leq x \leq 2$, $0 \leq y \leq 1$ となる正方形 A がある．A において曲面 $z = 6xy^2$ 伸ばした側の部分の体積を次のようにして求めよ．
　(a) はじめに y で積分し，次に x で積分する累次積分として求めよ．
　(b) はじめに x で積分し，次に y で積分する累次積分として求めよ．

(3) 領域 $A: x \leq y \leq 4x - x^2$ において，関数 $z = f(x,y) = y\sin x + 1$ がある．次の重積分を累次積分で表せ．

$$\iint_A (y\sin x + 1) dA$$

(4) 領域 $A: x \leq y \leq 4x - x^2$ において，次の2つの曲面の間の立体の体積を重積分で表せ．

$$z_1 = f_1(x,y) = -2x - 3y, \qquad z_2 = f_2(x,y) = x^2 + y^2$$

第18章 整級数

18.1 等比級数の収束・発散

次の例のように数が規則的に並んだものを **数列** という．

$$3,\ 3\cdot 2,\ 3\cdot 2^2,\ 3\cdot 2^3,\ 3\cdot 2^4,\ \cdots,\ 3\cdot 2^n,\ \cdots$$

数を並べただけでは扱いにくいので名前を次のように付けよう．それぞれを **項** という．a_0 を **初項** という．

$$a_0 = 3,\ a_1 = 3\cdot 2,\ a_2 = 3\cdot 2^2,\ a_3 = 3\cdot 2^3,\ \cdots,\ a_n = 3\cdot 2^n,\ \cdots$$

高校では a_1 から始めるのが普通であるが，a_0 から始めた方がいろいろと便利であることがわかってくる．

数列を次々加えたものを **級数 (無限級数)** といい次のように表す．

$$\sum_{n=0}^{\infty} a_k = a_0 + a_1 + a_2 + a_3 + \cdots + a_n + \cdots \tag{18.1}$$

有限個の数列の和は **部分和** と呼ばれる．

$$s_n = \sum_{k=0}^{n} a_k = a_1 + a_2 + a_3 + \cdots + a_n \tag{18.2}$$

例にあげた数列のように，前の項に一定の数をかけて次の項ができている数列を **等比数列** といい，等比数列の和を **等比級数 (無限等比級数)** という．この場合の一定の数を **公比** という．

はじめに示した，初項が 3, 公比が 2 の等比数列の部分和 s_n を求めてみよう．

$$s_n = 3 + 3\times 2 + 3\times 2^2 + 3\times 2^3 + 3\times 2^4 + \cdots + 3\times 2^{n-1} + 3\times 2^n \tag{18.3}$$

規則正しく並んでいるので，$s_n \times 2$ を作ると，同じ部分が現れる．

$$s_n \times 2 = 3\times 2 + 3\times 2^2 + 3\times 2^3 + 3\times 2^4 + \cdots + 3\times 2^n + 3\times 2^{n+1} \tag{18.4}$$

両辺を引き算すると，途中は全部消えて始めと終わりだけ残り，次のように部分和 s_n が得られる．

$$-s_n = 3 - 3\times 2^{n+1}, \quad \text{すなわち} \quad s_n = 3\times 2^{n+1} - 3 \tag{18.5}$$

一般に，初項 a, 公比 r の等比数列の部分和 s_n も同様にして得られる．$r=1$ のときだけ別になる．

$$\begin{cases} r \neq 1 \text{ のとき}, \quad s_n = \dfrac{a(1-r^{n+1})}{1-r} = \dfrac{a(r^{n+1}-1)}{r-1} \\ r = 1 \text{ のとき}, \quad s_n = a(n+1) \end{cases} \tag{18.6}$$

高校の教科書などで，数列を $a_1, a_2, \cdots$ と a_1 からはじめている場合には，s_n は n 個の項の和になり，上の部分和は $n+1$ を n に置き換えた式になる．

ここで項数 n を大きくしていったときの a_n と s_n の収束発散について調べる．

はじめにあげた例 $a_n = 3 \times 2^n$ のとき，n をどんどん大きくしていくと 2^n はいくらでも大きくなる．このようなときこの数列は **発散する** といい，次のように表す．

$$\lim_{n \to \infty} a_n = \lim_{n \to \infty} 3 \times 2^{n+1} = \infty \tag{18.7}$$

このとき部分和 $s_n = 3 \times 2^{n+1} - 3$ も発散する．

今度は初項が 3，公比が $\frac{1}{2}$ の場合を調べよう．$\left(\frac{1}{2}\right)^n$ は，n をどんどん大きくしていくといくらでも 0 に近くなっていくので 0 に **収束する** といい次のように表す．

$$\lim_{n \to \infty} a_n = \lim_{n \to \infty} \left(\frac{1}{2}\right)^n = 0 \tag{18.8}$$

このとき部分和は $s_n = 3 \times \left(\frac{1}{2}\right)^n + 6$ となっているので，6 に近づく．

$$\lim_{n \to \infty} s_n = 6 \tag{18.9}$$

一般に $a_n = ar^n$ については，$-1 < r < 1$ のとき $\lim_{n \to \infty} ar^n = 0$ となる．部分和は次のように収束する．

$$\lim_{n \to \infty} s_n = \lim_{n \to \infty} \frac{a(1 - r^{n+1})}{1 - r} = \frac{a}{1 - r} \tag{18.10}$$

部分和は $|r| \geq 1$ のときは収束せずに発散する．まとめると次のようになる．

$$a + ar + ar^2 + ar^3 + ar^4 + \cdots + ar^n + \cdots = \begin{cases} |r| < 1 \text{ のとき} & \dfrac{a}{1-r} \\ |r| \geq 1 \text{ のとき} & \text{発散する} \end{cases} \tag{18.11}$$

18.2 整級数の収束・発散

初項 $a_0 = 3$，公比 r の等比級数は次のようになる．

$$3 + 3r + 3r^2 + 3r^3 + 3r^4 + \cdots 3r^n + \cdots = \frac{3}{1-r} \quad \text{ただし，} \quad -1 < r < 1 \tag{18.12}$$

この等比級数が r の変化によってどのような値をとるかを調べよう．また，級数の収束がどの程度かをみるために，部分和と無限和を比較してみよう．そのために公比 r を関数の変数らしく x とおこう．

$$f(x) = 3 + 3x + 3x^2 + 3x^3 + 3x^4 + \cdots + 3x^n + \cdots = \frac{3}{1-x} \tag{18.13}$$

$$s_n(x) = 3 + 3x + 3x^2 + 3x^3 + 3x^4 + \cdots + 3x^n \tag{18.14}$$

$f(x)$ のグラフを実線で，$s(n)$ のグラフを破線で描くと図 18.1 のようになる．

等比級数の場合は $a_0 + a_1 x + a_2 x^2 + a_3 x^3 + a_4 x^4 + \cdots$ において，係数がすべて等しく定数の 3 であった．今度は係数が変化していく場合を扱う．次の例を調べよう．

(a) $n=1$ (b) $n=5$ (c) $n=9$

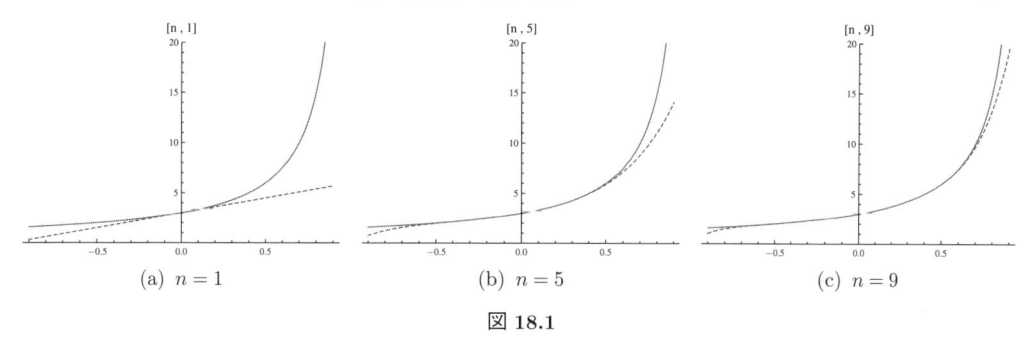

図 **18.1**

$$\sum_{k=0}^{\infty} kx^k = 0 + 1x^1 + 2x^2 + 3x^3 + 4x^4 + 5x^5 + \cdots + nx^n + \cdots \tag{18.15}$$

一般には次のような級数を調べる.

$$\sum_{k=0}^{\infty} a_k x^k = a_0 + a_1 x + a_2 x^2 + a_3 x^3 + a_4 x^4 + a_5 x^5 + \cdots + a_n x^n + \cdots \tag{18.16}$$

このような一般の級数についても収束半径 ρ があって,$|x|<\rho$ において収束し,$|x|>\rho$ において発散する.

このような収束半径 ρ を見つける便利な方法が次の式で,**ダランベールの定理** と呼ばれる.

$$\rho = \lim_{n \to \infty} \frac{|a_n|}{|a_{n+1}|} \tag{18.17}$$

もちろん上の極限が存在すればの話であるが,$\rho = \infty$ でもよい.証明するのはそれほど難しくはない.$|x|<\rho$ とし,$|x|<t<\rho$ なる t をとる.n を十分大きくとれば $t < \dfrac{|a_n|}{|a_{n+1}|}$ が常に成り立つ.十分大きいというのを N とする.$n>N$ のとき次のようになる.

$$|a_n| < \frac{|a_{n-1}|}{t} < \frac{|a_{n-2}|}{t^2} < \cdots < \frac{|a_N|}{t^{n-N}} \tag{18.18}$$

$$|a_n x^n| < |a_N||x^N| \left(\frac{|x|}{t}\right)^{n-N} \tag{18.19}$$

$|x|<t$ より,$\dfrac{|x|}{t}<1$ となる.これは,公比が 1 より小さい数列より小さいことを意味している.公比が 1 より小さい等比数列の級数は収束するので $a_n x^n$ の和も収束する.同じようにして $|x|>\rho$ なる x については発散することがわかる.

式 (18.16) について収束半径を求めてみよう.

$$\rho = \lim_{n \to \infty} \frac{a_n}{a_{n+1}} = \lim_{n \to \infty} \frac{n}{n+1} = 1 \tag{18.20}$$

[**例題 1**]

次の整級数の収束半径を求めよ.

$$f(x) = 1 + x + \frac{1}{2^2} x^2 + \frac{1}{3^2} x^3 + \frac{1}{4^2} x^4 + \cdots + \frac{1}{n^2} x^n + \cdots \tag{18.21}$$

[**解**] $a_n = \dfrac{1}{n^2}$ とおく.次のように収束半径が計算できる.

$$\rho = \lim_{n \to \infty} \frac{a_{n+1}}{a_n} = \lim_{n \to \infty} \frac{n^2}{(n+1)^2} = 1 \tag{18.22}$$

第18章 演習問題

(1) $a_n = 5 \times 0.9^n$ $(n = 0, 1, 2, \cdots)$ と表せる数列について以下の問に答えよ.
   (a) $a_0, a_1, a_2, a_3, a_4, a_5, a_6, a_7, a_8, a_9, a_{10}$ を求めよ.
   (b) $s_n = \sum_{k=0}^{n} a_k n,$ $(n = 1, 2, \cdots)$ とおくとき, s_n を n の式で表せ.
      $s_0, s_1, s_2, s_3, s_4, s_5, s_6, s_7, s_8, s_9, s_{10}$ を求めよ.
   (c) $\lim_{n \to \infty} s_n$ を求めよ.
   (d) 点 (n, s_n) を $n = 0$ から $n = 100$ までプロットし, s_n の変化を図示せよ.
   (e) 関数 $y = \dfrac{5(1 - 0.9^{x+1})}{1 - 0.9}$ のグラフを $0 \leq x \leq 100$ の範囲で描き, (5) と比較せよ.

(2) 次のような整級数について以下の問に答えよ.
$$f(x) = \frac{1}{1 + 2^1}x + \frac{1}{1 + 2^2}x^2 + \frac{1}{1 + 2^3}x^3 + \frac{1}{1 + 2^4}x^4 + \cdots + \frac{1}{1 + 2^n}x^n + \cdots$$

   (a) $f(x)$ の収束半径を求めよ.
   (b) $s_n = \dfrac{1}{1 + 2^1}x + \dfrac{1}{1 + 2^2}x^2 + \cdots + \dfrac{1}{1 + 2^n}x^n$ とおく. s_2, s_5, s_{10}, s_{20} のグラフを $0.01 \leq x \leq 1.8$ において描け.

(3) 次のような整級数について以下の問に答えよ.
$$f(x) = \frac{1}{1^2}x + \frac{1}{2^2}x^2 + \frac{1}{3^2}x^3 + \frac{1}{4^2}x^4 + \cdots + \frac{1}{n^2}x^n + \cdots$$

   (a) $f(x)$ の収束半径を求めよ.
   (b) $s_n = \dfrac{1}{1^2}x + \dfrac{1}{2^2}x^2 + \dfrac{1}{3^2}x^3 + \cdots + \dfrac{1}{n^2}x^n$ とおく. s_2, s_5, s_{10}, s_{20} のグラフを $0.01 \leq x \leq 0.8$ において描け.

第19章 テイラー展開

19.1 関数の近似

関数 $y = f(x) = x^3$ の，$x = 2$ における微分係数の計算と意味を思い出しておこう．2 からの，x の増分を $\Delta x = x - 2$ とする．y の増分は，

$$\begin{aligned}
\Delta y = f(2 + \Delta x) - f(2) &= (2 + \Delta x)^3 - 2^3 \\
&= 3 \times 2^2 \Delta x + 3 \times 2 (\Delta x)^3 + (\Delta)^3 \\
&= 3 \times 2^2 (x - 2) + 3 \times 2 (x - 2)^2 + (x - 2)^3
\end{aligned} \tag{19.1}$$

ここで，$(x - 2) = \Delta x$ が，きわめて小さく，たとえば，$\Delta x = 0.01$ とする．すると，$(\Delta x)^2 = 0.0001$ と，桁違いに小さくなる．今，小数第 2 位までの誤差の範囲で十分であれば，$(\Delta x)^2$ や，$(\Delta y)^3$ は，無視してよい．

このとき，次の近似式が成り立つ．

$$f(2 + \Delta x) - f(2) \approx 3 \times 2^2 (x - 2) \tag{19.2}$$

$$f(x) \approx f(2) + 3 \times 2^2 (x - 2) \tag{19.3}$$

ところで，$(x - 2)$ の係数が，$x = 2$ における，微分係数であった．このことは，次のように確かめることもできる．

$$f(x) \approx a_0 + a_1 (x - 2) \tag{19.4}$$

と，近似できたとすると，$x = 2$ とおいて，a_0 を得る．

$$f(2) = a_0 + 0 \tag{19.5}$$

今度は，式 (19.4) の両辺を x で微分してみる．

$$f'(x) \approx a_1 \tag{19.6}$$

ところで，$\Delta x = 0.01$ のとき，小数第 2 位の近似では足りなくて，小数第 4 位まで詳しく知る必要があれば，次のようにすればよい．

$$f(x) \approx a_0 + a_1(x - 2) + a_2(x - 2)^2 \quad \text{より} \quad f(2) = a_0 \tag{19.7}$$

$$f'(x) \approx a_1 + a_2 \times 2(x - 2) \quad \text{より} \quad f'(2) = a_1 \tag{19.8}$$

$$f''(x) \approx a_2 \times 2 \quad \text{より} \quad f''(2) = a_2 \times 2 \tag{19.9}$$

よって次のようになる．

$$f(x) \approx f(2) + f'(2)(x - 2) + \frac{f''(2)}{2}(x - 2)^2 \tag{19.10}$$

さきにあげた例 $f(x) = x^3$ では,

$$f(x) = x^3 \quad \text{より} \quad f(2) = 8 \tag{19.11}$$

$$f'(x) = 3x^2 \quad \text{より} \quad f'(2) = 12 \tag{19.12}$$

$$f''(x) = 6x \quad \text{より} \quad f''(2) = 12, \quad \frac{f''(2)}{2} = 6 \tag{19.13}$$

よって,

$$f(x) = x^3 \approx 8 + 12(x-2) + 6(x-2)^2 \tag{19.14}$$

ここで，この近似式が，$x=2$ の近くで，どのくらいの精度か見るため，2つのグラフを同時に図示してみよう．

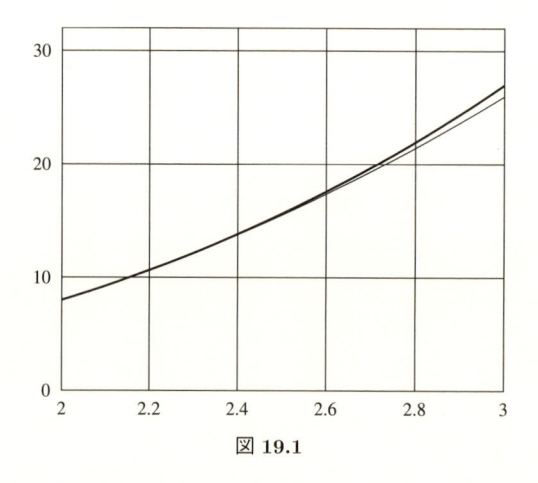

図 19.1

$x=2$ の近くでは，ほとんど差がないことがわかる．念のため，$x=2$ のごく近くを拡大してみるても見た目には両者は重なってしまい，区別できない．

19.2 三角関数の近似

$x=0$ において，$f(x) = \sin x$ を整関数で近似しよう．

$$f(x) = \sin x = a_0 + a_1 x + a_2 x^2 + a_3 x^3 + a_4 x^4 + a_5 x^5 + \cdots \tag{19.15}$$

と置いて，$x=0$ とすると a_0 が得られる．

$$f(0) = \sin 0 = 0 = a_0 \tag{19.16}$$

式 (19.15) の両辺を x で微分して次のようになる．

$$f'(x) = \cos x = a_1 + 2a_2 x + 3a_3 x^2 + 4a_4 x^3 + 5a_5 x^4 + \cdots \tag{19.17}$$

$x=0$ と置いて，

$$f'(0) = 1 = a_1 \tag{19.18}$$

以下同様に，微分しては $x=0$ と置く作業を繰り返す．

$$f''(x) = -\sin x = 2a_2 + 3a_3 \times 2x + 4a_4 \times 3x^2 + 5a_5 \times 4x^3 + \cdots \quad (19.19)$$

$$f''(0) = 0 = 2a_2 \quad (19.20)$$

$$f^{(3)}(x) = -\cos x = 3 \times 2a_3 + 4 \times 3 \times 2a_4 x + 5 \times 4 \times 3x^2 + ... \quad (19.21)$$

$$f^{(3)}(0) = -\cos 0 = -1 = 3 \times 2a_3 \quad (19.22)$$

$$f^{(4)}(x) = \sin x = 4 \times 3 \times 2 \times a_4 + 5 \times 4 \times 3 \times 2 \times x + \cdots \quad (19.23)$$

$$f^{4)}(0) = \sin 0 = 0 = 4 \times 3 \times 2 \times a_4 \quad (19.24)$$

以上から,a_0,a_1,a_2,a_3,a_4 は,次のように求められる.

$$a_0 = f(0) = \sin 0 = 0 \quad (19.25)$$

$$a_1 = f'(0) = \cos 0 = 1 \quad (19.26)$$

$$a_2 = \frac{f''(0)}{2} = \frac{-\sin 0}{2} = \frac{0}{2} = 0 \quad (19.27)$$

$$a_3 = \frac{f^{(3)}(0)}{3 \times 2} = \frac{-\cos 0}{3 \times 2} = \frac{-1}{3 \times 2} \quad (19.28)$$

$$a_4 = \frac{f^{(4)}(0)}{4 \times 3 \times 2} = \frac{\sin 0}{4 \times 3 \times 2} = \frac{0}{4 \times 3 \times 2} \quad (19.29)$$

今は 4 乗までしか示さなかったが,上の操作は,いつまでも続けられる.

ところで,たとえば 1 から 4 までの積を $1 \times 2 \times 3 \times 4 \times = 4!$ と書いて,4 の階乗という.この記号を使うと,一般に次のように表せる.

$$\begin{aligned} f(x) &= f(0) + \frac{f'(0)}{1!}x + \frac{f''(0)}{2!}x^2 + \frac{f^{(3)}(0)}{3!}x^3 + \frac{f^{(4)}(0)}{4!}x^4 + \frac{f^{(5)}(0)}{5!}x^5 + \cdots \\ &= \sum_{k=1}^{\infty} \frac{f^{(k)}(0)}{k!}x^k \end{aligned} \quad (19.30)$$

$\sin x$ の場合は次のようになる.

$$\sin x = x - \frac{1}{3!}x^3 + \frac{1}{5!}x^5 - \frac{1}{7!}x^7 + \frac{1}{9!}x^9 - \frac{1}{11!}x^{11} + \cdots \quad (19.31)$$

近似の次数を,何次までとれば,精度がどのくらいになるかを調べてみよう.そのため次のように置く.

$$s_1(x) = x$$
$$s_3(x) = x - \frac{1}{3!}x^3$$
$$s_5(x) = x - \frac{1}{3!}x^3 + \frac{1}{5!}x^5$$
$$s_7(x) = x - \frac{1}{3!}x^3 + \frac{1}{5!}x^5 - \frac{1}{7!}x^7$$
$$s_9(x) = x - \frac{1}{3!}x^3 + \frac{1}{5!}x^5 - \frac{1}{7!}x^7 + \frac{1}{9!}x^9$$
$$s_{11}(x) = x - \frac{1}{3!}x^3 + \frac{1}{5!}x^5 - \frac{1}{7!}x^7 + \frac{1}{9!}x^9 - \frac{1}{11}x^{11}$$

$\sin x$ への近づき方を見るため,$-2 < x < 22$ の範囲でのグラフを比較してみよう.

(a) $n=1$　　　(b) $n=3$　　　(c) $n=5$

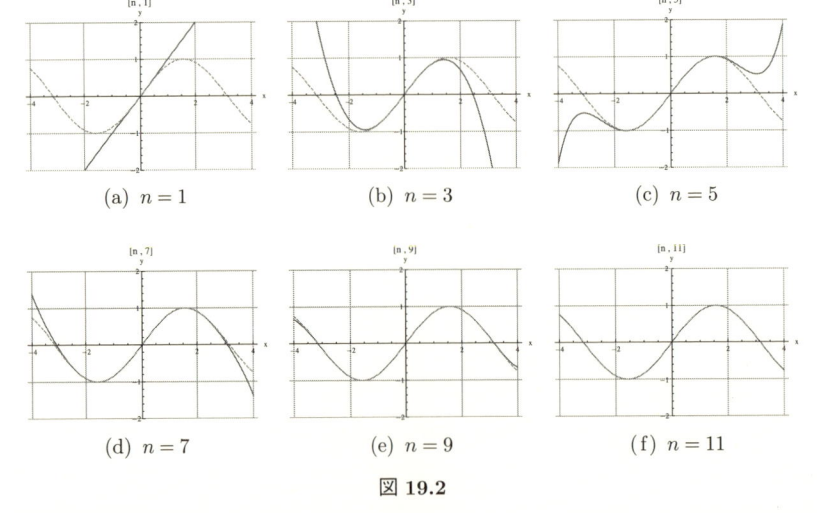

(d) $n=7$　　　(e) $n=9$　　　(f) $n=11$

図 19.2

これらの図からわかることは，近似式の次数を高くしていくに従い，近似できる範囲が次第に広がってくる．

近似式の次数と近似の精度をみるために，数値で調べてみよう．

この結果を，小数第 3 位まででで表し，まとめると表 19.1 のようになる．

表 19.1 $\sin x$ の近似

x	$\sin x$	$s_3(x)$	$s_5(x)$	$s_7(x)$	$s_9(x)$	$s_{11}(x)$
0.0	0.000	0.000	0.000	0.000	0.000	0.000
0.5	0.479	0.479	0.479	0.479	0.479	0.479
1.0	0.841	0.833	0.842	0.841	0.841	0.841
1.5	0.997	0.938	1.001	0.997	0.997	0.997
2.0	0.909	0.667	0.933	0.908	0.909	0.909
2.5	0.598	-0.104	0.710	0.589	0.599	0.598
3.0	0.141	-1.500	0.525	0.091	0.145	0.141
3.5	-0.351	-3.646	0.731	-0.546	-0.328	-0.353
4.0	-0.757	-6.667	1.867	-1.384	-0.662	-0.767
4.5	-0.978	-10.69	4.690	-2.724	-0.639	-1.023
5.0	-0.959	-15.83	10.21	-5.293	0.090	-1.134

x の値が小さいと，$s_3(x)$, $s_5(x)$ でも十分によい近似であることがわかる．

しかし，x の値が大きくなっていくと，$s_3(x)$, $s_5(x)$ ではあまりよい精度ではないが，$s_9(x)$, $s_{11}(x)$ だと，$x=3.5$ ぐらいまではまだよい近似になっている．

一方，x の値が小さいと，どのくらい正確かを見るため，小数第 6 桁までとって同じように調べると，相当によい近似であることがわかる．

$\cos x$ についても，同様にして，$x=0$ における近似式が次のように得られる．

$$\cos x = 1 - \frac{1}{2!}x^2 + \frac{1}{4!}x^4 - \frac{1}{6!}x^6 + \frac{1}{8!}x^8 - \cdots \tag{19.32}$$

これらの近似式を，**テイラー展開** という．

このうち，特に $x=0$ における場合を，**マクローリンの展開** という．

この場合の収束半径を求めると $\dfrac{a_n}{a_{n+1}} = \dfrac{(n+1)!}{n!} = \infty$ となり，すべての x において収束

する.

一般には, n 項まで展開したときの残りを剰余項といい次のように表せる.

$$R_{n+1} = \frac{1}{(n+1)!} f^{n+1}(\theta x) x^n + 1 \qquad (0 < \theta < 1) \tag{19.33}$$

$\lim_{n \to R_{n+1}} = 0$ となる範囲で展開ができる. 条件としてはたとえば次の条件がある.

$$|f^{(n)}(x)| < M \qquad (|x| < R, \ n = 1, \ 2, \ \cdots) \tag{19.34}$$

このような定数 M が x, n に無関係に存在するならば, $f(x)$ は $|x| < R$ でマクローリンの展開ができる (証明は省略する).

19.3 他の関数のテイラー展開

一般に, 関数 $y = f(x)$ の, $x = a$ におけるテイラー展開は, 次のようになる.

$$f(x) = f(a) + \frac{f'(a)}{1!}(x-a) + \frac{f''(a)}{2!}(x-a)^2 + \frac{f^{(3)}(a)}{3!}(x-a)^3$$
$$+ \frac{f^{(4)}(a)}{4!}(x-a)^4 + \frac{f^{(5)}(a)}{5!}(x-a)^5 + \cdots \tag{19.35}$$

上の式の, $\cdots$ 以降は, $(x-a)$ の 6 乗以上の項で, $O[x-a]^6$ と書くこともある.

例として, $y = f(x) = e^x$ を, $x = 0$ において, 5 次の項まで展開してみよう.

$$f'(x) = f''(x) = f^{(3)}(x) = f^{(4)}(x) = f^{(5)}(x) = e^x \tag{19.36}$$

であり,

$$f(0) = f'(0) = f''(0) = f^{(3)}(0) = f^{(4)}(0) = f^{(5)}(0) = 1 \tag{19.37}$$

となる. よって, 次の展開式が得られる.

$$e^x = 1 + \frac{1}{1!}x + \frac{1}{2!}x^2 + \frac{1}{3!}x^3 + \frac{1}{4!}x^4 + \frac{1}{5!}x^5 + O[x]^6 \tag{19.38}$$

[例題 1]
関数 $y = f(x) = x^4 e^{3x}$ を, $x = 1$ において, 5 次まで展開せよ.
[解] 次の展開式が得られる.

$$x^4 e^{3x} = e^3 + 7e^3(x-1) + \frac{45e^3}{2}(x-1)^2 + \frac{89e^3}{2}(x-1)^3 + \frac{491e^3}{8}(x-1)^4$$
$$+ \frac{2541e^3}{40}(x-1)^5 + O[x-1]^6 \tag{19.39}$$

19.4 多変数関数の近似

今度は, 2 変数関数の場合を近似する整関数について調べる.

$y = f(x, y)$ を, $x = 0, y = 0$ において次のように展開したとき, 係数がどのように決まるかを調べる.

$$f(x,y) = a + bx + cy + dx^2 + exy + fy^2 + gx^3 + hx^2y + ixy^2 + jy^3 + \cdots \tag{19.40}$$

x, y で，偏微分してから，$x = 0, y = 0$ を代入する．

$$\frac{\partial z}{\partial x}(x, y) = b + 2dx + ey + 3gx^2 + 2hxy + iy^2 + \cdots \tag{19.41}$$

$$\frac{\partial z}{\partial y}(x, y) = c + ex + 2fy + hx^2 + 2ixy + 3jy^2 + \cdots \tag{19.42}$$

$$\frac{\partial^2 z}{\partial x^2}(x, y) = 2d + 3 \cdot 2gx + 2hy + \cdots, \quad \frac{\partial^2 z}{\partial x \partial y}(x, y) = e + 2hx + 2iy + \cdots, \tag{19.43}$$

$$\frac{\partial^2 z}{\partial y^2}(x, y) = 2f + 2ix + 3 \cdot 2jy + \cdots$$

$$\frac{\partial^3 z}{\partial x^3}(x, y) = 3 \cdot 2g + \cdots, \quad \frac{\partial^3 z}{\partial x^2 \partial y}(x, y) = 2h + \cdots,$$

$$\frac{\partial^3 z}{\partial x \partial y^2}(x, y) = 2i + \cdots, \quad \frac{\partial^3 z}{\partial y^3}(x, y) = 3 \cdot 2j + \cdots \tag{19.44}$$

$$f(0,0) = a, \quad \frac{\partial z}{\partial x}(0,0) = b, \quad \frac{\partial z}{\partial y}(0,0) = c, \quad \frac{\partial^2 z}{\partial x^2}(0,0) = 2d \tag{19.45}$$

$$\frac{\partial^2 z}{\partial x \partial y}(0,0) = e, \quad \frac{\partial^2 z}{\partial y^2}(0,0) = 2f \tag{19.46}$$

$$\frac{\partial^3 z}{\partial x^3}(0,0) = 3 \cdot 2g, \quad \frac{\partial^3 z}{\partial x^2 \partial y}(0,0) = 2h,$$

$$\frac{\partial^3 z}{\partial x \partial y^2}(0,0) = 2i, \quad \frac{\partial^3 z}{\partial y^3}(0,0) = 3 \cdot 2j \tag{19.47}$$

よって，各係数が，関数から定まる．

$$a = f(0,0), \quad b = \frac{1}{1!} \cdot \frac{\partial z}{\partial x}(0,0), \quad c = \frac{1}{1!} \cdot \frac{\partial z}{\partial y}(0,0), \quad d = \frac{1}{2!} \cdot \frac{\partial^2 z}{\partial x^2}(0,0),$$

$$e = 2 \cdot \frac{1}{2!} \cdot \frac{\partial^2 z}{\partial x \partial y}(0,0), \quad f = \frac{1}{2!} \cdot \frac{\partial^2 z}{\partial y^2}(0,0), \quad g = \frac{1}{3!} \cdot \frac{\partial^3 z}{\partial x^3}(0,0),$$

$$h = 3 \cdot \frac{1}{3!} \cdot \frac{\partial^3 z}{\partial x^2 \partial y}(0,0), \quad i = 3 \cdot \frac{1}{3!} \cdot \frac{\partial^3 z}{\partial x \partial y^2}(0,0), \quad j = \frac{1}{3!} \cdot \frac{\partial^3 z}{\partial y^3}(0,0) \tag{19.48}$$

たとえば，関数 $f(x, y) = e^x \sin y$ について，係数を求めると次のようになる．

$$\frac{\partial z}{\partial x}(x, y) = e^x \sin y, \quad \frac{\partial z}{\partial y}(x, y) = e^x \cos y, \quad \frac{\partial^2 z}{\partial x^2}(x, y) = e^x \sin y,$$

$$\frac{\partial^2 z}{\partial x \partial y}(x, y) = e^x \cos y, \quad \frac{\partial^2 z}{\partial y^2}(x, y) = -e^x \sin y, \quad \frac{\partial^3 z}{\partial x^3}(x, y) = e^x \sin y,$$

$$\frac{\partial^3 z}{\partial x^2 \partial y}(x, y) = e^x \cos y, \quad \frac{\partial^3 z}{\partial x \partial y^2}(x, y) = -e^x \sin y, \quad \frac{\partial^3 z}{\partial y^3}(x, y) = -e^x \cos y \tag{19.49}$$

$x = 0, y = 0$ を代入して，a から j まで求める．

$$a = 0, \quad b = 0, \quad c = 1, \quad d = 0, \quad e = 1, \quad f = 0,$$

$$g = 0, \quad h = \frac{1}{2}, \quad i = 0, \quad j = -\frac{1}{6} \tag{19.50}$$

よって，次の近似式が得られる．

$$e^x \sin y = y + xy + \frac{1}{2}x^2 y - \frac{1}{6}y^3 + O[4\,\text{次以上}]$$

関数 $f(x,y)$ の近似式の，2 次の項をまとめて次のように表す．これは，2 次式の展開式 $(a+b)^2 = a^2 + 2ab + b^2$ に合わせた表し方である．

$$\frac{1}{2!}\left(\frac{\partial}{\partial x}x + \frac{\partial}{\partial y}y\right)^2 f(0,0) = \frac{1}{2!}\left(\frac{\partial^2 f}{\partial x^2}(0,0)x^2 + 2\frac{\partial^2 f}{\partial x \partial y}(0,0)xy + \frac{\partial^2 f}{\partial y^2}(0,0)y^2\right) \quad (19.51)$$

同様に，3 次の項も $(a+b)^3 = a^3 + 3a^2b + 3ab^2 + b^3$ に合わせて書く．

$$\frac{1}{3!}\left(\frac{\partial}{\partial x}x + \frac{\partial}{\partial y}y\right)^3 f(0,0)$$
$$= \frac{1}{3!}\left(\frac{\partial^3 f}{\partial x^3}(0,0)x^3 + 3\frac{\partial^3 f}{\partial x^2 \partial y}(0,0)x^2 y + 3\frac{\partial^3 f}{\partial x \partial y^2}(0,0)xy^2 + \frac{\partial^3 f}{\partial y^3}(0,0)y^3\right) \quad (19.52)$$

この記号を使うと，3 次までの近似式は，次のように表せる．

$$f(x,y) = f(0,0) + \left(\frac{\partial}{\partial x}x + \frac{\partial}{\partial y}y\right)f(0,0) + \frac{1}{2!}\left(\frac{\partial}{\partial x}x + \frac{\partial}{\partial y}y\right)^2 f(0,0)$$
$$+ \frac{1}{3!}\left(\frac{\partial}{\partial x}x + \frac{\partial}{\partial y}y\right)^3 f(0,0) + O[4 \text{次以上}] \quad (19.53)$$

上の近似式は，$x=0, y=0$ におけるものであるが，$x=a, y=b$ における近似式は，x を，$x-a$ で，x を，$y-b$ で置き換え，さらに，$f(0,0)$ を，$f(a,b)$ で置き換えればよい．例をやっておこう．

$$z = f(x,y) = \cos x \log_e y \quad (19.54)$$

の，$x=\frac{1}{3}, y=e$ における，2 次までの近似式を求めよう．

$$\frac{\partial z}{\partial x}(x,y) = -\pi \sin \pi x \log_e y, \quad \frac{\partial z}{\partial x}\left(\frac{1}{3},e\right) = -\frac{\sqrt{3}\pi}{2}, \quad \frac{\partial z}{\partial y}(x,y) = \frac{1}{y}\cos \pi x,$$
$$\frac{\partial z}{\partial y}\left(\frac{1}{3},e\right) = \frac{1}{2e} \quad (19.55)$$
$$\frac{\partial^2 z}{\partial x^2}(x,y) = -\pi^2 \cos \pi x \log_e y, \quad \frac{\partial^2 z}{\partial x^2}\left(\frac{1}{3},e\right) = -\frac{\pi^2}{2}$$
$$\frac{\partial^2 z}{\partial x \partial y}(x,y) = -\frac{\pi \sin \pi x}{y}, \quad \frac{\partial^2 z}{\partial x \partial y}\left(\frac{1}{3},e\right) = -\frac{\sqrt{3}\pi}{2e},$$
$$\frac{\partial^2 z}{\partial y^2}(x,y) = -\frac{1}{y^2}\cos \pi x, \quad \frac{\partial^2 z}{\partial y^2}\left(\frac{1}{3},e\right) = -\frac{1}{2e^2} \quad (19.56)$$

よって，次の近似式が得られる．これが **多変数関数のテイラー展開** である．

$$\cos \pi x \log_e y = \frac{1}{2} - \frac{\sqrt{3}\pi}{2}\left(x-\frac{1}{3}\right) + \frac{1}{2e}(y-e) - \frac{\pi^2}{4}\left(x-\frac{1}{3}\right)^2$$
$$- \frac{\sqrt{3}\pi}{2e}\left(x-\frac{1}{3}\right)(y-e) - \frac{1}{4e^2}(y-e)^2 + O[3 \text{次以上}] \quad (19.57)$$

y で展開してから，x で展開していることがわかる．これが気に入らない人は自分で次のように作ってもよい．

第19章　演習問題

(1) 関数 $y = f(x) = e^{2x+1}$ について以下の問に答えよ．
   (a) $f'(x), f''(x), f^{(3)}(x), f^{(4)}(x)$ を求めよ．
   (b) $f'(0), f''(0), f^{(3)}(0), f^{(4)}(0)$ を求めよ．
   (c) $f(x)$ を $x = 0$ において，4次まで展開した式を求めよ．

(2) 関数 $y = f(x) = e^{3x} \sin 2x$ について次の問に答えよ．
   (a) Series[ ] を用い，$x = 0$ において 4次の項までテイラー展開せよ．
   (b) taylor[ ] を用い，$x = 0$ において 4次の項までテイラー展開せよ．
   (c) Series[ ] を用い，$x = \pi$ において 4次の項までテイラー展開せよ．
   (d) taylor[ ] を用い，$x = \pi$ において 4次の項までテイラー展開せよ．

(3) 2変数の関数 $f(x,y) = \sin(2x + 3y)$ について以下の問に答えよ．
   (a) $\dfrac{\partial f}{\partial x}, \dfrac{\partial f}{\partial y}, \dfrac{\partial^2 f}{\partial x^2}, \dfrac{\partial^2 f}{\partial x \partial y}, \dfrac{\partial^2 f}{\partial y^2}$ を求めよ．
   (b) $x = 0, y = 0$ における (1) の偏導関数の値を求めよ．
   (c) $f(x,y)$ を $(0,0)$ において，2次の項までテイラー展開せよ．

(4) 2変数の関数 $f(x,y) = e^{2x} \sin(x + 3y)$ について以下の問に答えよ．
   (a) Series[ ] を用い，$x = 0, y = 0$ において 4次の項までテイラー展開せよ．
   (b) taylor[ ] を用い，$x = 0, y = 0$ において 4次の項までテイラー展開せよ．
   (c) Series[ ] を用い，$x = 0, y = \pi$ において 4次の項までテイラー展開せよ．
   (d) taylor[ ] を用い，$x = 0, y = \pi$ において 4次の項までテイラー展開せよ．

第II部 多変数の微分積分

第20章 変数が独立なときの極大，極小

20.1 極値の候補を求める

ある企業が 2 つの商品 A,B を生産している．商品 A の生産量 x と，商品 B の生産量 y とは，自由に設定できる場合，x, y は，独立であるという．

生産量 x, y に対する，企業の利益 z が，次のような式で得られるとする．

$$z = f(x, y) = -6x^2 + 5xy - 3y^2 + 20x + 70y - 10$$

この企業が最大の利益をあげるには，商品 A と，商品 B の生産量 x, y をいくらに設定するのがよいかを調べる．

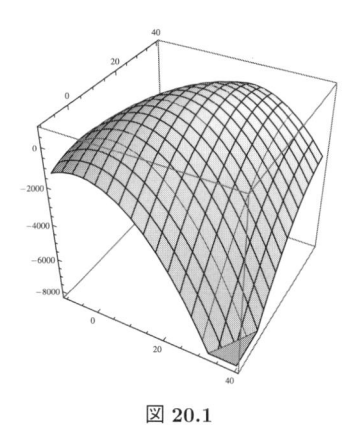

図 20.1

利潤を最大にするというのは，曲面のいちばん高い点を探すことである．

図の，曲面に現れている曲線は，x や，y を一定にして，y 方向，x 方向による変化だけを表している．曲面のいちばん高い点は，x, y 方向はもちろん，どの曲線に沿ってみてもいちばん高い．

とりあえず，x, y 方向だけ見て，ともにいちばん高い点を探す．y を固定し，x だけを動かしたとき，z が最大になるのは，z を，x で偏微分した，偏導関数 $\dfrac{\partial z}{\partial x}(x, y)$ が，0 になる点である．

こんどは，x を固定し，y だけ動かしたとき，z が最大になるのは，z を，y で偏微分した，偏導関数 $\dfrac{\partial z}{\partial y}(x, y)$ が，0 になる点である．

よって，2 変数の関数が極大になる点は，次の連立方程式を解いた点から求められる．

$$\begin{cases} f_x(x, y) = \dfrac{\partial z}{\partial x}(x, y) = 0 \\ f_y(x, y) = \dfrac{\partial z}{\partial y}(x, y) = 0 \end{cases} \tag{20.1}$$

上の例について調べてみよう．

$$z = f(x, y) = -6x^2 + 5xy - 3y^2 + 20x + 70y - 10 \tag{20.2}$$

$$f_x(x, y) = \frac{\partial z}{\partial x} = -12x + 5y + 20 = 0 \tag{20.3}$$

$$f_y(x, y) = \frac{\partial z}{\partial y} = 5x - 6y + 70 = 0 \tag{20.4}$$

上の連立方程式を解いて，$x = 10, y = 20$ が得られる．グラフを見るとこの点 P$(10, 20)$ で，いちばん高くなっていそうである．

20.2 極大極小の判定

1階の偏導関数が0になる点で極大か極小かを判定するには，点 P におけるテイラー展開をしてみるとよい．

$x - 10 = h, y - 20 = k$ と置くと，次のように展開できる．

$$f(x, y) = f(10, 20) + \frac{\partial z}{\partial x}(10, 20)h + \frac{\partial z}{\partial y}(10, 20)k + \frac{1}{2}\frac{\partial^2 z}{\partial x^2}(10, 20)h^2$$
$$+ \frac{\partial^2 z}{\partial x \partial y}(10, 20)hk + \frac{\partial^2 z}{\partial y^2}(10, 20)k^2 + O[3\text{次以上}] \tag{20.5}$$

$f(10, 20) = 690$ となる．1次の係数は，それが0になるように解いたので0となる．2次の項を計算する．

$$\frac{\partial^2 z}{\partial x^2}(x, y) = -12, \quad \frac{\partial^2 z}{\partial x^2}(10, 20) = -12, \quad \frac{\partial^2 z}{\partial x \partial y}(x, y) = 5,$$
$$\frac{\partial^2 z}{\partial x \partial y}(10, 20) = 5, \quad \frac{\partial^2 z}{\partial y^2}(x, y) = -6, \quad \frac{\partial^2 z}{\partial y^2}(10, 20) = -6 \tag{20.6}$$

よって，点 P での近似式は，次のようになる．

$$f(10 + h, 20 + k) = 790 + \frac{1}{2}(-12h^2 + 10hk - 6k^2) + \cdots \tag{20.7}$$

点 P の近くだけを調べればよいので，h, k は，十分小さくとる．十分小さくとれば，$-12h^2 + 5hk - 6k^2$ の正負を変えられない．

上の式を次のように変形する．

$$f(10 + h, 20 + k) = 690 + \frac{1}{2}k^2(-12t^2 + 10t - 6) + O[3\text{次以上}] \tag{20.8}$$

ここで，$t = \dfrac{h}{k}$ である．t の2次式 $-12t^2 + 10t - 6$ の正負を調べる．

$$-12t^2 + 10t - 6 = -12\left(t - \frac{5}{12}\right)^2 - 8\frac{47}{12} \tag{20.9}$$

この値は，常に負である．ということは，

$$f(x, y) = f(10 + h, 20 + k) \leq 790 \tag{20.10}$$

ということを意味し，極大値が，790 である．

一般に，2次式 $At^2 + 2Bt + C$ の，判別式 $D = B^2 - AC$ が，負の値のとき，この2次式

20.2 極大極小の判定

は，0にならない．A が正なら常に正，A が負なら常に負である．今の場合，A, B, C がどこから来たかをたどってみると次のようになっている．

$$A = \frac{\partial^2 z}{\partial x^2}(10, 20) , \quad B = \frac{\partial^2 z}{\partial x \partial y}(10, 20) , \quad C = \frac{\partial^2 z}{\partial y^2}(10, 20) \tag{20.11}$$

そこで，一般に，$z = f(x, y)$ の極大値，極小値を求めるには，次のようにすればよい．
(1) 連立方程式を解く．

$$\begin{cases} f_x(x, y) = \dfrac{\partial z}{\partial x}(x, y) = 0 \\ f_y(x, y) = \dfrac{\partial z}{\partial y}(x, y) = 0 \end{cases} \tag{20.12}$$

解を $x = a, y = b$ とし，点 $\mathrm{P}(a, b)$ とする．
(2) A, B, C, D の値を求める．

$$A = \frac{\partial^2 z}{\partial x^2}(a, b) , \quad B = \frac{\partial^2 z}{\partial x \partial y}(a, b) , \quad C = \frac{\partial^2 z}{y^2}(a, b) \tag{20.13}$$

$$D = B^2 - AC \tag{20.14}$$

(3) 極大，極小の判別をする．

$$A > 0, \quad D < 0 \Longrightarrow x = a, \quad y = b \text{ で，極小値 } f(a, b) \text{ をとる．} \tag{20.15}$$

$$A < 0, \quad D < 0 \Longrightarrow x = a, \quad y = b \text{ で，極大値 } f(a, b) \text{ をとる．} \tag{20.16}$$

次の例を調べよう．

$$z = f(x, y) = e^{-x^2 - 4y^2} \tag{20.17}$$

$$\frac{\partial z}{\partial x} = -2x e^{-x^2 - 4y^2} = 0 \text{ より} \quad x = 0 \tag{20.18}$$

$$\frac{\partial z}{\partial y} = -8y e^{-x^2 - 4y^2} = 0 \text{ より} \quad y = 0 \tag{20.19}$$

$$\frac{\partial^2 z}{\partial x^2}(x, y) = -2 e^{-x^2 - 4y^2} + 4x^2 e^{-x^2 - 4y^2} ,$$

$$\frac{\partial^2 z}{\partial x \partial y}(x, y) = -2x(-8y) e^{-x^2 - 4y^2} ,$$

$$\frac{\partial^2 z}{\partial y^2}(x, y) = -8 e^{-x^2 - 4y^2} + 64y^2 e^{-x^2 - 4y^2} \tag{20.20}$$

$$A = -2 < 0 , \quad B = 0 , \quad C = -8 \tag{20.21}$$

$$D = B^2 - AC = 0^2 - (-2)(-8) = -16 < 0 \tag{20.22}$$

図 20.2 は立体視ができるように 2 つの図を並べてある．

(a) (b)

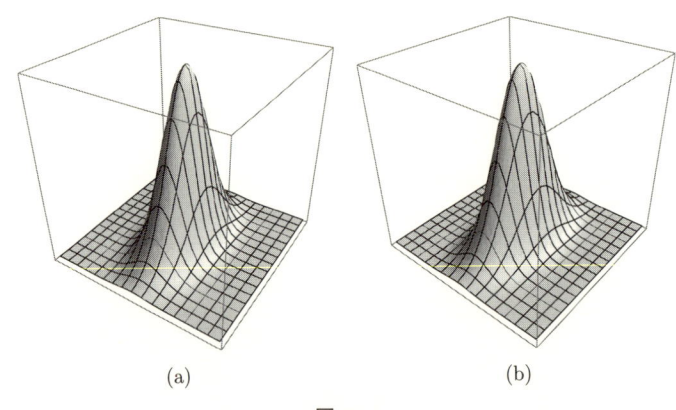

図 20.2

ところで，判別式の値は，常に負となるわけではない．次の関数を同じように調べてみる．

$$z = f(x,y) = x^4 - y^4 - 4x - 4y + 3 \tag{20.23}$$

$$\frac{\partial z}{\partial x}(x,y) = 4x^3 - 4 = 4(x^3 - 1) = 0 \text{ より} \qquad x = 1 \tag{20.24}$$

$$\frac{\partial z}{\partial y}(x,y) = -4y^3 - 4y = 0 \text{ より} \qquad y = -1 \tag{20.25}$$

$$\frac{\partial^2 z}{\partial x^2}(x,y) = 12x^2 \text{ より} \qquad \frac{\partial^2 z}{\partial x^2}(1,-1) = 12 \tag{20.26}$$

$$\frac{\partial^2 z}{\partial x \partial y}(x,y) = 0 \text{ より} \qquad \frac{\partial^2 z}{\partial x \partial y}(1,-1) = 0 \tag{20.27}$$

$$\frac{\partial^2 z}{\partial y^2}(x,y) = -12y^2 \text{ より} \qquad \frac{\partial^2 z}{\partial y^2}(1,-1) = -12 \tag{20.28}$$

$$A = 12 , \quad B = 0 , \quad C = -12 \tag{20.29}$$

$$D = B^2 - AC = 0 - 12 \times (-12) = 144 > 0 \tag{20.30}$$

2次式の，判別式が正ということは，その2次式が，正になったり，負になったりすることを意味している．

$$f(x,y) = f(1,-1) + \Box = 3 + \Box \tag{20.31}$$

□ が，正になったり，負になったりするので，$f(x,y)$ は，$f(1,-1) = 3$ より，大きくなったり，小さくなったりする．すなわち，点 $(1,-1)$ では，極大でも，極小でもない．

実際どうなっているのかを見るために，図 20.3 にグラフを描いてみよう．

$y = -1$ に固定し，x だけを動かせば，$x = 1$ で極小である．一方，$x = 1$ に固定し，y だけを動かすと，$y = -1$ で極大である．したがって，2変数関数としては，点 $(1,-1)$ で，極大でも極小でもない．

このような点は，馬の鞍のようになっているので，**鞍点** という．

(a) (b)

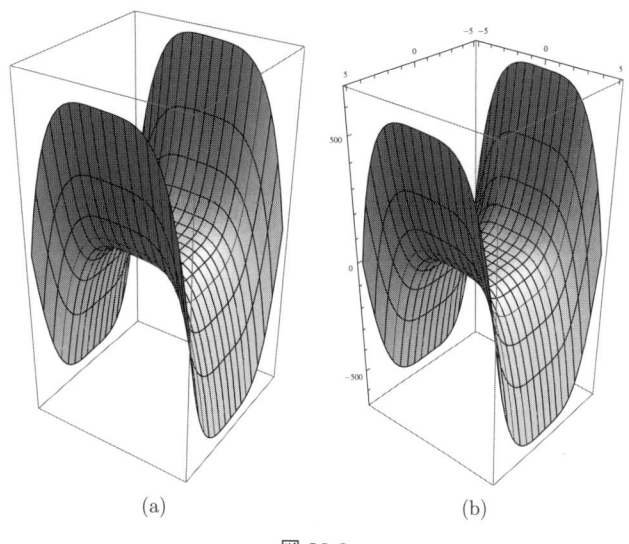

図 20.3

第 20 章　演習問題

(1) 2 変数の関数 $z = f(x,y)) = x^3 + y^3 - 9xy$ について以下の問に答えよ.
  (a) $\dfrac{\partial f}{\partial x}(x,y),\quad \dfrac{\partial f}{\partial y}(x,y)$ を求めよ.
  (b) $\dfrac{\partial f}{\partial x}(x,y) = 0,\quad \dfrac{\partial f}{\partial y}(x,y) = 0$ を満たす (x_0, y_0) を求めよ.
  (c) $\dfrac{\partial^2 f}{\partial x^2}(x,y),\quad \dfrac{\partial^2 f}{\partial x \partial y}(x,y),\quad \dfrac{\partial^2 f}{\partial y^2}(x,y)$ を求めよ.
  (d) $A = \dfrac{\partial^2 f}{\partial x^2}(x_0, y_0),\quad B = \dfrac{\partial^2}{\partial x \partial y}(x_0, y_0),\quad C = \dfrac{\partial^2}{\partial y^2}(x_0, y_0)$ を求めよ.
  (e) $D = B^2 - AC$ を求めよ.
  (f) A の正負, D の正負により極大・極小を判定して極値を求めよ.
(2) 2 変数の関数 $z = f(x,y) = x^2 - 2xy^2 + y - y^3$ の極大・極小の判定をして極値を求めよ.
(3) 2 変数の関数 $f(x,y) = x^4 + y^4 - 2x^2 + 4xy - 2y^2$ の極大・極小の判定をして極値を求めよ.
(4) 2 変数の関数 $f(x,y) = (4x^2 + y^2)e^{-x^2 - y^2}$ の極大・極小の判定をして極値を求めよ.

第21章 条件付き極値問題

21.1 1変数で表せるとき

いままでは，x, y が独立に，どんな値でもとれる場合を扱ってきた．

今度は商品 A の生産量 x と，商品 B の生産量 y が互いに関係している場合を扱う．たとえば両方の生産量の合計が一定のような場合である．まず簡単な式でやってみよう．

$$z = f(x, y) = 4 - x^2 - y^2, \quad \text{ただし}, x + y = 1 \tag{21.1}$$

x, y が自由にいろいろな値をとれるときには，$z = f(x, y)$ のグラフは，おわんを伏せたような形である．$x = 0, y = 0$ のとき極大値 4 をとる．しかし，$x + y = 1$ という制約条件があるときには，この値は実際にはとれない．

$x + y = 1$ という条件のもとで，実際に，曲面のどの部分の値がとれるのかを調べてみよう．それには，曲面上の点 $(x, y, z) = (x, y, 4 - x^2 - y^2)$ の，y のところに，$y = -x + 1$ を代入した点 $(x, -x+1, 4 - x^2 - (-x+1)^2)$ を結んで行けばよい．

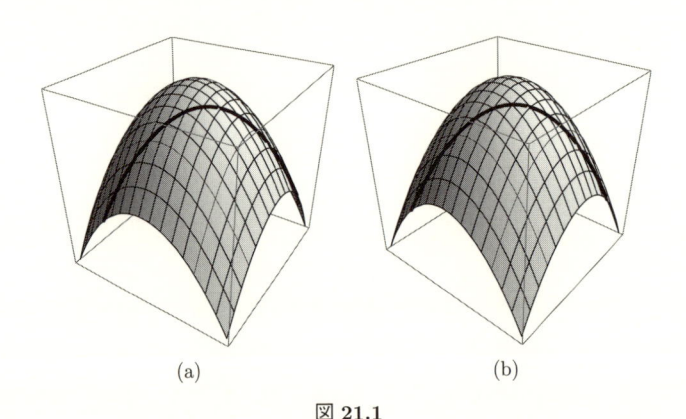

(a) (b)

図 21.1

$x + y = 1$ という制約条件があると，図のように，曲面の一部分である曲線上 (わかりやすく，太く描いてある) だけになる．

この曲線上で，いちばん高い点を探すのが条件付き極値問題である．上の例のように，y が，x で表せる場合はやさしい．y に $-x + 1$ を代入してしまえば，1 変数の関数になってしまうからである．

$$z = f(x, y) = 4 - x^2 - y^2 = 4 - x^2 - (-x+1)^2 = -2x^2 + 2x + 3$$

微分して，導関数を求めると，$z' = -4x + 2$ となり，$z' = 0$ となるのは，$x = 0.5$ のときとわかる．このとき，y は，$y = -0.5 + 1 = 0.5$ である．$z'' = -4 < 0$ より，$x = 0.5$ のとき，極大になることがわかる．極大値は，$4 - 0.5^2 - 0.5^2 = 3.5$ である．x, y が独立のときより，0.5 小さい．

21.2 ラグランジュの乗数法

引き続き，2変数関数の極大，極小を調べる．こんどは，x, y の制約条件が複雑で，y が，x の式で陽関数として表せない場合を扱う．

たとえば，$e^x + \sin y - 1 = 0$ のような場合である．この場合も陰関数のところで扱ったように，一定の条件があれば y は，x の関数として定まる．制約条件を，次のように書こう．

$$h(x, y) = e^x + \sin y - 1 = 0 \tag{21.2}$$

$h(x, y) = 0$ から決まっているはずの (式では書けないが)，x から，y が定まっている関数を，$y = g(x)$ と表そう．z は，x だけで表せる．$z = f(x, y) = f(x, g(x))$

x で微分し，導関数を求めるのに，2変数の合成関数の法則を使う．

$$\begin{aligned}\frac{dz}{dx} &= \frac{\partial z}{\partial x}\frac{\partial x}{\partial x} + \frac{\partial z}{\partial y}\frac{\partial y}{\partial x} \\ &= f_x(x, y) + f_y(x, y)g'(x)\end{aligned} \tag{21.3}$$

極値をとる点は，導関数の値が0となる点であるから，次の式が成り立つ点 (x, y) を求めることが必要である．

$$f_x(x, y) + f_y(x, y)g'(x) = 0 \tag{21.4}$$

ところで，陰関数のところで扱ったように，陰関数の導関数は次のように求められた．

$$g'(x) = -\frac{h_x(x, y)}{h_y(x, y)} \tag{21.5}$$

式 (21.5) を，式 (21.4) に代入すると次のようになる．

$$f_x(x, y) + f_y(x, y)\left(-\frac{h_x(x, y)}{h_y(x, y)}\right) = 0 \tag{21.6}$$

これを，x, y それぞれまとめるように変形すると次のようになる．

$$\frac{f_x(x, y)}{h_x(x, y)} = \frac{f_y(x, y)}{h_y(x, y)} \tag{21.7}$$

この比の値を，λ と置くと次のようになる．

$$f_x(x, y) = \lambda h_x(x, y), \qquad f_y(x, y) = \lambda h_y(x, y) \tag{21.8}$$

この λ を，**ラグランジュの乗数** という．さらに次のように変形する．

$$f_x(x, y) - \lambda h_x(x, y) = 0, \qquad f_y(x, y) - \lambda h_y(x, y) = 0 \tag{21.9}$$

さらにもともとの制約条件である次の式がある．

$$h(x, y) = 0 \tag{21.10}$$

式 (21.9) と，式 (21.10)，を同時に満たすような (x, y) を求めればよい．ここで，ラグランジュ関数と呼ばれる，次の関数を考える．

$$L(x, y, \lambda) = f(x,y) - \lambda h(x,y) \tag{21.11}$$

すると，上の 3 つの式は次のように書き直せる．

$$\frac{\partial L}{\partial x} = f_x(x,y) - \lambda h_x(x,y) = 0, \quad \frac{\partial L}{\partial y} = f_y(x,y) - \lambda h_y(x,y) = 0, \quad \frac{\partial L}{\partial \lambda} = -h(x,y) = 0 \tag{21.12}$$

次の関数について，実際に，極大，極小となる点を求めよう．

$$z = f(x,y) = 3x^2 y^2 \quad ただし，\quad x > 0, \ y > 0$$

制約条件 $\quad h(x,y) = x^3 + y^3 - 16 = 0 \tag{21.13}$

$$V(x,y,\lambda) = 3x^2 y^2 - \lambda(x^3 + y^3 - 16), \tag{21.14}$$

$$\frac{\partial L}{\partial y} = 6xy^2 - \lambda(3x^2) = 0, \quad \frac{\partial L}{\partial y} = 6x^2 y - \lambda(3y^2) = 0, \quad \frac{\partial L}{\partial \lambda} = -(x^3 + y^3 - 16) = 0 \tag{21.15}$$

式 (21.9) 第 1 式より，$\lambda = \dfrac{2y^2}{x}$ となる．式 (21.9) 第 2 式より，$\lambda = \dfrac{2x^2}{y}$ となる．$\dfrac{2y^2}{x} = \dfrac{2x^2}{y}$ より，$y^3 = x^3$, $y = x$ となる．式 (21.15) 第 2 式に代入して，$2x^3 = 16$, $x^3 = 8$, $x = 2$, $y = 2$ となる．

何を求めたのか思い出してみると，制約条件 $h(x,y) = 0$ があるため，関数 $z = f(x,y)$ における，y が，x から決まっているはずなので，実質的には x だけの関数のはずであった．そこで，z を，x で微分して，導関数が，0 になる点を求めていたのであった．

極大，極小になる点では，導関数が 0 になるが，導関数が 0 になるというだけでは，そこで，極大，または，極小になるとは限らない．また，極大なのか，極小なのかも判定できない．

商品の生産量，などという，実際の場面の状況から，極大とか，極小になるはず，とわかっている場合はそれでよい．そうでなかったら，点 $(2, 2)$ の回りの点での z の値を調べてみればよい．

第 21 章　演習問題

(1) 2 変数の関数 $z = f(x,y) = x^2 + 4xy + 2y^2 + 5$ がある．(x, y) が，$x + y = 1$ を満たしながら変わるとき，$z = f(x,y)$ の極値を求めるため以下の問に答えよ．
   (a) y を x で表せ．
   (b) $z = f(x,y)$ を x だけで表せ．
   (c) $z = f(x,y)$ の極大値・極小値を求めよ．

(2) 2 変数の関数 $z = f(x,y) = xy$ がある．x, y が $x^2 + y^2 = 1$ を満たしながら変化しているとき，$z = f(x,y)$ の極値を与える (x,y) と極値を求めるのに以下の問に答えよ．
   (a) $L(x,y,\lambda) = xy - \lambda(x^2 + y^2 - 1)$ とおく．$\dfrac{\partial L}{\partial x}, \dfrac{\partial L}{\partial y}, \dfrac{\partial L}{\partial \lambda}$ を求めよ．
   (b) $\dfrac{\partial L}{\partial x}(x,y,\lambda) = 0, \quad \dfrac{\partial L}{\partial y}(x,y,\lambda) = 0, \quad \dfrac{\partial L}{\partial \lambda}(x,y,\lambda)$ となる (x_0, y_0, λ_0) を求めよ．
   (c) (x_0, y_0, λ_0) のときの関数の値を求めよ．

(3) 2 変数の関数 $z = f(x,y) = x^2 + y^2$ がある．x, y が $3x^2 + xy + 3y^2 - 1 = 1$ を満たしながら変化しているとき，$z = f(x,y)$ の極値を与える (x,y) と極値を求めよ．

(4) 2 変数の関数 $z = f(x, y) = x^2 + y^2 + 15$ がある．x, y が $4x^2 - 4xy + y^2 - x - 2y + 2$ を満たしながら変化しているとき，$z = f(x, y)$ の極値を与える (x, y) と極値を求めよ．

第22章 微分方程式(変数分離形)

22.1 微分方程式の考え

町から，2 km のところから，毎時 3 km/h の速さで，郊外にまっすぐ歩いていくとき，町から，8 km のところにくるのは，何時間後か．という問題を解いたことを思い出そう．

求める時間を，わからないながらも，x と置き，量の関係を表した．毎時 3 km/h の速さで，x 時間歩けば，$3x$ km 歩くことになるので，町から，$(3x+2)$ km 離れる．それが，8 km となることから，等式 $3x+2=8$ が成り立つ．

これが，わからない数値 x を含んだ等式，つまり，方程式であった．

この方程式を変形し，$x=\square$ のように，はっきりわかる形にすることが，方程式を解くということである．ここでは，わからない x が，数なので，数方程式ともいえる．

これに対して，微分方程式で扱うのは，わからないものが関数であるので，**関数方程式** というものである．方程式の中に微分が入っているので，**微分方程式** というのである．

たとえば，人口 y が，時間 x の経過とともに変化していて，その増える速さ y' が，そのときの人口に比例していて，$y'=2y$ となっているような場合である．この式は，変形して，$\dfrac{y'}{y}=2$ となり，人口の増加率が一定であるともいえる．この時点では，y は，x のどんな関数かわからないので，**未知関数** という．この未知関数を，わかる形にすることが，微分方程式を解くという作業であり，わかる形にした関数を，解という．

y' が，y に比例する関数に，指数関数があったのを思いだすと，上の微分方程式の解には指数関数が含まれることがわかる．指数関数以外にもこのような法則で変化する関数があるかどうかは，まだわからない．

また，y の増える速さ y' が，y だけでなく，x にも比例し，$y'=2xy$ という法則で変化する場合には，y は，x の変化に対して，どのように変化するかわからない．

$y=f(x)$ という関数が，具体的にわからないながらも，$y'-2xy=0$ という関係を満たしている，ということはわかっている，というのが微分方程式である．

今，これを，図に表すことを考えよう．$y=f(x,y)$ は xy 平面の曲線を表し，y' は，この曲線の接線の傾きを表す．

$y'=2xy$ と変形すると，各点 (x,y) における，接線の傾きがわかる．接線の傾きをもつ短い矢線(ベクトル)を各点につけてみよう．

短い矢線(ベクトル)の x,y 成分を，$(1,2xy)$ と置く．各点にベクトルが与えられている平面を，**ベクトル場 (vector field)** という．点を適当にとり，長さもわかりやすく適当にとって，図22.1 に描く

平面上の一点を決めると，その点を通る曲線が決まりそうである．点 $(0,1)$ を通る曲線を求めてみよう．

$x=0$ から $x=1$ までを，100等分し，それぞれの点の x 座標を，$x[0]=0$, $x[1]=0.01$, $x[2]=$

22.1 微分方程式の考え

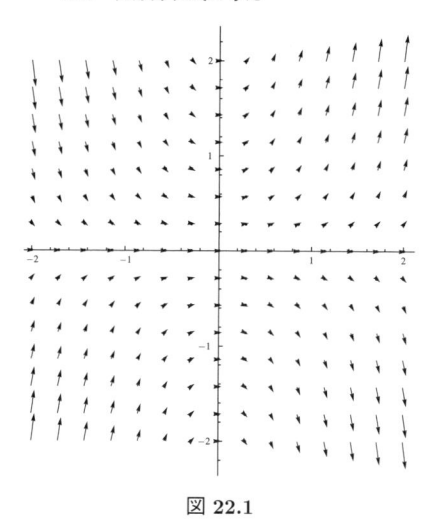

[図 22.1]

$0.02, \cdots, x[n] = \frac{1}{n}, \cdots x[100] = 1$ とする．これに対する，y 座標を，次のように置く．

$$y[0] , y[1] , y[2] , \cdots , y[n] , \cdots , y[100] \tag{22.1}$$

これらの値を次のように定める．

$$y[0] = 1, \quad y[1] = y[0] + 2 \times x[0] \times y[0] \times 0.01, \quad y[2] = y[1] + 2 \times x[1] \times y[1] \times 0.01, \cdots \tag{22.2}$$

一般に，$(x[n-1], y[n-1])$ から，$(x[n], y[n])$ を次のように定める．

$$y[n] = y[n-1] + 2 \times x[n-1] \times y[n-1] \times 0.01 \tag{22.3}$$

本当は，短い区間の間でも，接線の傾きの関数 $2xy$ は変化しているのであるが，上の計算は，それを一定の値として近似している．

これらの点，$(x[n], y[n])$ を結べば，図のように近似的な曲線が得られる．

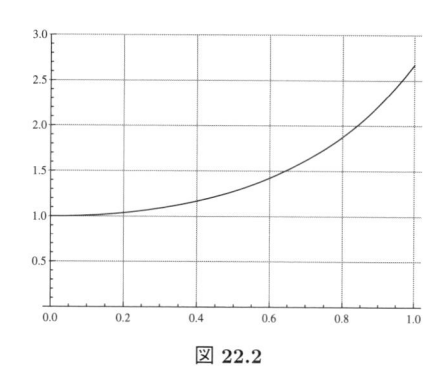

[図 22.2]

これは，分割の幅を，0.01 にした場合の近似解であるが，もっと細かくしていけば，もっと本当の関数に近くなっていく．上の場合の近似解が，本当の解とどのくらい近いかについては，ほんとの解を求めてから比較しよう．本当の解を，**解曲線** という．近似解の求め方からわかるように，微分方程式を解くには，出発点を定めてから，局所的な変化をずっと加えていって得

られる．出発点を定める条件を，**初期条件** という．

$$\{\text{初期条件}\} + \{\text{局所法則}\} = \{\text{全体法則}\} \tag{22.4}$$

となっている．微分方程式は，きちんとした解が求められないことが多い．そのような場合には，数値的な解を求める工夫が考えられている．

22.2 変数分離形

いままで扱った微分方程式を次のように表す．

$$\frac{dy}{dx} = 2xy \tag{22.5}$$

ただし，$x = 0$ のとき，$y = 1$ となる

このように，導関数が，x の関数 $f(x)$ と，y の関数 $g(y)$ に分離され，それらの積になっている場合を，**変数分離形** という．

$$\frac{dy}{dx} = f(x)g(y) \tag{22.6}$$

上の例は，$f(x) = 2x, g(y) = y$ の場合である．これを解くには次のようにやる．

dx, dy を，接線の上の量と考え，

$$dy = 2xy dx \, , \, \frac{dy}{y} = 2x dx \tag{22.7}$$

と変形する．左辺と右辺は常に等しいので，x を，0 から x まで，y を，1 から y まで加えても等しい．

$$\sum_{y=1}^{y} \frac{dy}{y} = \sum_{x=0}^{x} 2x dx \tag{22.8}$$

ここで，dx, dy をどんどん小さくしていけば，(x, y) は，解曲線の上の点になる．上のような和の極限が積分であったから次のようになる．

$$\int_{1}^{y} \frac{dy}{y} = \int_{0}^{x} 2x dx \tag{22.9}$$

ここで，途中の変数も x, y で表し，最後の値も x, y で表しているので，混乱する人もいるかもしれない．そのような人は，次のような文字を使ってもよい．

$$\int_{1}^{y} \frac{dt}{t} = \int_{0}^{x} 2s ds \tag{22.10}$$

$$[\log_e |t|]_{1}^{y} = [s^2]_{0}^{x} \tag{22.11}$$

$$\log_e |y| - \log_e 1 = x^2 - 0^2 \, , \, \log_e |y| = x^2 \tag{22.12}$$

$$|y| = e^{x^2} \, , \, y = e^{x^2} \text{ または } y = -e^{x^2} \tag{22.13}$$

$$x = 0 \text{ のとき } y = 1 \text{ より，} y = e^{x^2} \tag{22.14}$$

ここで得られた解と，100 等分した近似解を同じ平面に図 22.3 のように図示すると，ほとんど一致していることがわかる．

一般に，変数分離形の微分方程式

図 22.3

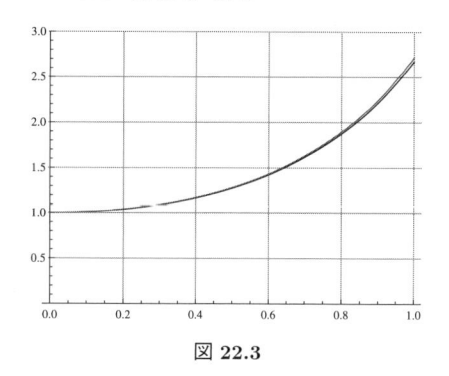

$$\frac{dy}{dx} = f(x)g(y) \quad \text{ただし,} \quad x = a \text{ のとき } y = b \tag{22.15}$$

の解は次の式で求められる.

$$\int_b^y \frac{dt}{g(t)} = \int_a^x f(s)ds \tag{22.16}$$

次の例を解いてみよう.

$$\frac{dy}{dx} = -\frac{x}{y} \quad \text{ただし,} \quad x = 0 \text{ のとき } y = 2 \tag{22.17}$$

この式を変形して,

$$\frac{dy}{dx} \times \left(\frac{y}{x}\right) = -1 \tag{22.18}$$

とする. $\frac{y}{x}$ は,原点 O$(0,0)$ と,点 P(x, y) を結んだ線分 OP の傾きを表している. したがって,上の関係は,接線の傾きと,線分 OP の傾きの積が -1, つまり直交していることを示す. このような性質を持つ曲線はどんな曲線か解いてみよう.

$$ydy = -xdx, \quad \text{積分して} \quad \int_4^y ydy = -\int_0^x xdx \tag{22.19}$$

$$\left[\frac{y^2}{2}\right]_2^y = -\left[\frac{x^2}{2}\right]_0^x \tag{22.20}$$

$$\frac{y^2}{2} - \frac{2^2}{2} = -\frac{x^2}{2} + \frac{0^2}{2} \tag{22.21}$$

$$x^2 + y^2 = 2^2 \tag{22.22}$$

これは,原点を中心とし,半径が 2 の円を表す. 点 P での接線が,OP と直交するのは,円だけであることを示している.

もう 1 つ,増加率が一定値 k の微分方程式を解いておこう.

$$\frac{y'}{y} = k \quad \text{あるいは} \quad \frac{dy}{dx} = ky \tag{22.23}$$

ただし, $x = 0$ のとき $y = A > 0$ とする.

$$\frac{dy}{y} = kdx, \quad \int_A^y \frac{dy}{y} = \int_0^x kdx \tag{22.24}$$

$$[\log_e |y|]_A^y = [kx]_0^x \tag{22.25}$$

$$\log_e |y| - \log_e A = kx - 0, \quad \log_e \frac{|y|}{A} = kx \tag{22.26}$$

$$\frac{|y|}{A} = e^{kx} , \quad |y| = Ae^{kx} \tag{22.27}$$

$$y = Ae^{kx} \quad \text{または} \quad y = -Ae^{kx} \tag{22.28}$$

$$x = 0 \text{ のとき } y = A \text{ より} \quad y = Ae^{kx} \tag{22.29}$$

よって，増加率が一定の関数は，指数関数だけであることがわかる．

ところで，積分が複雑で，手におえない場合は，パソコンの数学ソフトにやってもらえばよい．

いままで微分方程式を解くのに，初期条件をはっきり設定して解いた．しかし，微分方程式自体は，初期条件に無関係な性質を表している．そこで，初期条件を設定しないで，一般的な解を求めるのも意味がある．

そのような，**一般解**は，いままで定積分の計算をしたところを，不定積分にし，そのかわり積分定数が出てくることによって求められる．

解が，円になった微分方程式を，一般的に解いてみよう．

$$\frac{dy}{dx} = -\frac{x}{y} \tag{22.30}$$

$$ydy = -xdx , \quad \int hdy = -\int xdx \tag{22.31}$$

$$\frac{y^2}{2} + C_1 = -\frac{x^2}{2} + C_2 \tag{22.32}$$

2倍し積分定数をまとめ，

$$x^2 + y^2 = C \tag{22.33}$$

これは，原点を中心とし，半径が任意の円を表す．OPが，接線と直交するのは，円の半径とは無関係であることがわかる．もし，ここで，点 P(0, 3) を通る解が求めたかったら，$x = 0$, $y = 3$ を代入し，C を求める．

$$0^2 + 3^2 = C , \quad C = 9, \quad x^2 + y^2 = 9 \tag{22.34}$$

[例題 1]

次の微分方程式を解いてみよ．

$$\frac{dy}{dx} = 0.3y, \quad x = 0 \text{ のとき} \quad y = 0.5 \tag{22.35}$$

[解]

$$\frac{dy}{y} = 0.3 \tag{22.36}$$

$$\int_{0.5}^{y} \frac{dy}{y} = \int_{0}^{x} 0.3dx \tag{22.37}$$

$$[\log_e y]_{0.5}^{y} = [0.3x]_{0}^{x} \tag{22.38}$$

$$\log_e y - \log_e 0.5 = 0.3x - 0 \tag{22.39}$$

$$\log_e \frac{y}{0.5} = 0.3x \tag{22.40}$$

$$\frac{y}{0.5} = e^{0.3x} \tag{22.41}$$

$$y = 0.5e^{0.3x} \tag{22.42}$$

第21章 演習問題

(1) 次の微分方程式について以下の問に答えよ.

$$\frac{dy}{dx} = \frac{1-y}{1+x}, \qquad \text{ただし } x=0 \text{ のとき } y=0$$

  (a) 微分方程式の右辺を $f(x,y)$ とおく. $f'(0,0)$ を求めよ.
  (b) $x_1 = 0.5$ とおいて, $y_1 = f'(0,0) \times 0.5$ を定め, (x_1, y_1) を求めよ.
  (c) $f'(x_1, y_1)$ を求めよ.
  (d) $x_2 = x_1 + 0.5$ とおいて, $y_2 = f'(x_1, y_1)$ を定め, (x_2, y_2) を求めよ.
  (e) $f'(x_2, y_2)$ を求めよ.
  (f) $x_3 = x_2 + 0.5$ とおいて, $y_3 = f'(x_1, y_1)$ を定め, (x_3, y_3) を求めよ.
  (g) 点 $(0,0)$, (x_1, y_1), (x_2, y_2), (x_3, y_3) を結んだグラフを描け.

(2) (1) の微分方程式を解け.

(3) 次の微分方程式を求めよ,

$$\frac{dy}{dx} = 2ye^x, \qquad \text{ただし } x=0 \text{ のとき } y=1$$

(4) 次の微分方程式を解け. また, 結果を $0.7 \leq x \leq 1.5$ でグラフに表せ.

$$\frac{dy}{dx} = \frac{1+x^2}{3xy}, \qquad \text{ただし } x=1 \text{ のとき } y=\frac{2}{3}$$

第23章 完全微分方程式

23.1 微分方程式を得る

いままで，微分方程式が与えられて，それを解いてきた．反対に，関数や曲線の性質を調べるのに微分方程式を導くこともできる．たとえば，半径が任意の円

$$x^2 + y^2 = r^2 \tag{23.1}$$

の性質を調べるのに，円の満たす微分方程式を導こう．$z = x^2 + y^2$ の全微分が 0 になることから，

$$\begin{aligned} dz &= \frac{\partial z}{\partial x}dx + \frac{\partial z}{\partial y}dy \\ &= 2xdx + 2ydy = 0 \end{aligned} \tag{23.2}$$

$$xdx + ydy = 0, \quad \frac{dy}{dx} = -\frac{x}{y} \tag{23.3}$$

が得られる．これが前に扱った円を表す微分方程式である．もっと簡単な場合には，微分するだけで，微分方程式が得られる．$y = x^2 + C$ の満たす微分方程式は，微分して

$$\frac{dy}{dx} = 2x \tag{23.4}$$

として得られる．これは，導関数が，そのときの x の値に比例するという性質を表している．もう1つの例から，微分方程式を導いてみよう．

$$x^3 + 4xy - y^3 = 1, \quad \text{ただし } x = 1 \text{ のとき } y = 2 \tag{23.5}$$

$z = x^3 + 4xy - y^3$ とおいて全微分をとると，

$$dz = \frac{\partial z}{\partial x}dx + \frac{\partial z}{\partial y}dy = (3x^2 + 4y)dx + (4x - 3y^2)dy = 0 \tag{23.6}$$

変形して，

$$\frac{dy}{dx} = -\frac{3x^2 + 4y}{4x - 3y^2} \tag{23.7}$$

を得る．

ところで，逆にこの微分方程式が与えられたとき，これを解く方法を考えよう．

23.2 完全微分方程式の解

一般に，$z = f(x, y) = C$ の全微分から得られる微分方程式を **完全微分方程式** という．微分方程式を

$$P(x, y)dx + Q(x, y)dy = 0 \tag{23.8}$$

23.2 完全微分方程式の解

と表したとき，これが完全微分方程式であるとは，

$$P(x,y) = \frac{\partial f}{\partial x}, \quad Q(x,y) = \frac{\partial f}{\partial y} \tag{23.9}$$

となる関数 $z = f(x,y)$ があることで，このときこの方程式の解は，

$$f(x,y) = C \tag{23.10}$$

となる．まず，完全微分方程式の性質を調べてみる．$z = f(x,y)$ を x と y で偏微分するとき，x, y の順序はどちらでも同じであった．

$$\frac{\partial^2 z}{\partial x \partial y} = \frac{\partial^2 z}{\partial y \partial x} \tag{23.11}$$

そこで，微分方程式 $P(x,y)dx + Q(x,y)dy = 0$ が，完全微分方程式ならば，次の性質が成り立つ．

$$\frac{\partial P(x,y)}{\partial y} = \frac{\partial Q(x,y)}{\partial x} \tag{23.12}$$

上にあげた例

$$(3x^2 + 4y)dx + (4x - 3y^2)dy \tag{23.13}$$

の場合，$P(x,y) = 3x^2 + 4y$, $Q(x,y) = 4x - 3y^2$ となっていて，

$$\frac{\partial P(x,y)}{\partial y} = 4 = \frac{\partial Q(x,y)}{\partial x} \tag{23.14}$$

が成り立っている．ところが，不思議なことに，この条件が成り立つと，完全微分方程式であることがわかる．つまり，ある関数 $z = f(x,y)$ が見つかり，

$$P(x,y) = \frac{\partial f}{\partial y}, \quad Q(x,y) = \frac{\partial f}{\partial x} \tag{23.15}$$

となる．問題をもう一度，はっきりさせておこう．

「微分方程式 $P(x,y)dx + Q(x,y)dy = 0$ が，条件 $\dfrac{\partial P(x,y)}{\partial y} = \dfrac{\partial Q(x,y)}{\partial x}$ を満たす．このとき $P(x,y) = \dfrac{\partial f}{\partial y}$, $Q(x,y) = \dfrac{\partial f}{\partial x}$ となる $f(x,y)$ を見つける．」 (23.16)

$x = 1$ のとき $y = 2$ となる解を求める．ヒントになるのは次の式である．

$$P(x,y)dx + Q(x,y)dy = \frac{\partial f}{\partial x}dx + \frac{\partial f}{\partial y}dy \tag{23.17}$$

右辺のようになっていれば，右辺の和をとり積分すればよい．微分した関数を積分すればもとに戻るからである．ただし，$\dfrac{\partial f}{\partial x}dx$ を積分するときには，y は固定しておいて，x だけを動かす．いわば偏積分する．

点 $(1,2)$ から出発して，点 (x,y) まで積分するのに2つの方法がある．はじめに，y を $y = 2$ に固定し，x で積分し，次に，x を固定し，y で積分する方法で，図 23.1 の経路 S に沿って積分する方法がある．

もう 1 つは，反対に，まず x を $x = 1$ に固定し，y で積分し，次に，y を固定し，x で積分

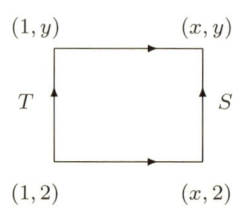

図 **23.1** 完全微分方程式の積分経路

する方法で，図の経路 T に沿って積分する方法である．

経路 S に沿う積分 I と，経路 T に沿う積分は，次のようになる．

$$I = \int_1^x P(x,2)dx + \int_2^y Q(x,y)dy \tag{23.18}$$

$$J = \int_2^y Q(1,y)dy + \int_1^x P(x,y)dx \tag{23.19}$$

この積分の値を，$f(x,y)$ と置けばよいのであるが，2つの積分が異なる値になっては困る．しかし，条件式から両者の等しいことが次のようにしてわかる．

$$\begin{aligned} J - I &= \int_1^x (P(x,y) - P(x,2))\,dx + \int_2^y (Q(x,y) - Q(1,y))\,dy \\ &= \int_1^x \left(\left[\frac{\partial P(x,y)}{\partial y}\right]_2^y\right)dx - \int_2^y \left(\left[\frac{\partial Q(x,y)}{\partial x}\right]_1^x\right)dy \\ &= \int_1^x \int_2^y \left(\frac{\partial P(x,y)}{\partial y} - \frac{\partial Q(X,y)}{\partial x}\right)dydx = 0 \end{aligned} \tag{23.20}$$

よって，$I = J$ となる．この等しくなった，2変数の関数を $f(x,y)$ と置けばよい．

$$f(x,y) = I = J = \int_1^x P(x,2)dx + \int_2^y Q(x,y)dy \tag{23.21}$$

両辺を y で微分すれば $\dfrac{\partial f}{\partial y} = Q(x,y)$ となり，同様に，$f(x,y) = I$ を x で微分すれば，$\dfrac{\partial f}{\partial y} = P(x,y)$ となる．前の例で，$P(x,y) = 3x^2 + 4y$, $Q(x,y) = 4x - 3y^2$ の場合に $f(x,y)$ を求めてみよう．

$$\begin{aligned} f(x,y) &= \int_1^x (3x^2 + 4 \times 2)dx + \int_2^y (4x - 3y^2)dy = \left[x^3 + 8x\right]_1^x + \left[4xy - y^3\right]_2^y \\ &= \{(x^3 + 8x) - (1 + 8)\} + \{(4xy - y^3) - (4x \times 2 - 2^3)\} = x^3 + 4xy - y^3 - 1 \end{aligned} \tag{23.22}$$

よって求める解は，$x^3 + 4xy - y^3 - 1 = C$, $x = 1, y = 2$ を満たすから，$C = 0$ となり次のようになる．

$$x^3 + 4xy - y^3 = 1 \tag{23.23}$$

一般に，

$$\frac{\partial P(x,y)}{\partial y} = \frac{\partial Q(x,y)}{\partial x} \tag{23.24}$$

を満たす微分方程式

23.2 完全微分方程式の解

$$P(x,y)dx + Q(x,y)dy = 0 \tag{23.25}$$

の解は，次の式で与えられる．

$$f(x,y) = \int_{x_0}^{x} P(x,y_0)dx + \int_{y_0}^{y} Q(x,y)dy = C \tag{23.26}$$

x_0, y_0 は，任意の定数である．

[例題 1] 次の微分方程式を解け．

$$(\sin y + 2x)dx + x\cos y \, dy = 0 \tag{23.27}$$

[解] はじめに，完全微分方程式かどうかを，確かめる．

$$\sin y + 2x = P(x,y) \, , \, x\cos y = Q(x,y) \tag{23.28}$$

とおく．

$$\frac{\partial P(x,y)}{\partial y} = \cos y \, , \, \frac{\partial Q(x,y)}{\partial x} = \cos y \tag{23.29}$$

となり，両者が等しいので，完全微分方程式である．

$$\begin{aligned}
f(x,y) &= \int_{x_0}^{x}(\sin y_0 + 2x)dx + \int_{y_0}^{y} x\cos y \, dy = \left[(\sin y_0)x + x^2\right]_{x_0}^{x} + [x\sin y]_{y_0}^{y} \\
&= \left\{((\sin y_0)x + x^2) - ((\sin y_0)x_0 + x_0^2)\right\} + \left\{(x\sin y) - (x\sin y_0)\right\} \\
&= x^2 + x\sin y - x_0^2 - x_0 \sin y_0 = C'
\end{aligned} \tag{23.30}$$

定数をまとめて，次のように書ける．

$$x^2 + x\sin y = C \tag{23.31}$$

ここで，もし $x = 2$ のとき $y = 0$ となる解が必要なら，これらを代入して，$4 + 0 = C$ より，$C = 4$ となり，具体的に解が定まる．

第 23 章 演習問題

(1) 次の微分方程式について以下の問に答えよ．

$$(y - xe^x)dx + xdy = 0$$

(a) $P(x,y) = y - xe^x$, $Q(x,y) = x$ とおく．$\dfrac{\partial P(x,y)}{\partial y}, \dfrac{\partial Q(x,y)}{\partial x}$ を求めよ．
(b) この微分方程式は完全微分方程式か．
(c) $x = 0$ のとき $y = 1$ となる解を求めよ．
(d) 一般に $x = c_1$ のとき $y = c_2$ となる解を求めよ．

(2) 次の微分方程式について以下の問に答えよ．

$$(x^2 + y)dx + (x - y^2)dy = 0$$

- (a) この微分方程式は完全微分方程式か.
- (b) 一般に $x = c_1$ のとき $y = c_2$ となる解を求めよ.
- (c) $x = 1$ のとき $y = 2$ となる解を求めよ.

(3) 次の微分方程式について以下の問に答えよ.

$$(y\log_e x - x)dx + (y + x\log_e x - x)dy = 0$$

- (a) この微分方程式は完全微分方程式か.
- (b) 一般に $x = c_1$ のとき $y = c_2$ となる解を求めよ.
- (c) $x = 1$ のとき $y = 2$ となる解を求めよ.

第II部 多変数の微分積分

第24章 線形微分方程式

24.1 1階の線形微分方程式

ここでは，次のタイプの微分方程式を解いてみよう．

$$y' + f(x)y = g(x) \tag{24.1}$$

「線形」というのは，y' と y について，1次式という意味である．この方程式を解くヒントになるのが，次の方程式である．

$$y' + f(x)y = 0 \quad \text{すなわち} \quad \frac{dy}{dx} + f(x)y = 0 \tag{24.2}$$

この形の微分方程式を**斉次方程式** (同次方程式) という．

斉次方程式は，変形すると，変数分離形であることがわかる．

$$\frac{dy}{y} = -f(x)dx \tag{24.3}$$

$$\int \frac{1}{y} dy = -\int f(x)dx \tag{24.4}$$

$$\log_e |y| = -\int f(x)dx + C \tag{24.5}$$

ここで，$\int f(x)dx$ は，本来は不定積分であるが，ここでは，1つの原始関数とし，積分定数は左辺の不定積分と合わせて C とした．

$$|y| = e^{-\int f(x)dx + C} = e^{-\int f(x)dx} e^C \tag{24.6}$$

$$y = Ae^{-\int f(x)dx} \tag{24.7}$$

$$\text{ただし} \quad A = e^C \quad \text{または} \quad A = -e^C \tag{24.8}$$

ここで，A は，定数であるが，もとの微分方程式の解は，A を関数として得られるのではないかと予想する．どんな関数になればよいか代入してみる．

$$\left(Ae^{-\int f(x)dx}\right)' + f(x)y = g(x) \tag{24.9}$$

$$A'e^{-\int f(x)dx} + Ae^{-\int f(x)dx}(-f(x)) + f(x)Ae^{-\int f(x)dx} = g(x) \tag{24.10}$$

$$A' = g(x)e^{\int f(x)dx} \tag{24.11}$$

$$A = \int g(x)e^{\int f(x)dx} dx + C \tag{24.12}$$

ここでも，積分は1つの原始関数を表すものとする．A をこのように選べば，もとの微分方程式の解が得られることを示している．

$$y = e^{-\int f(x)dx} \left(\int g(x)e^{\int f(x)dx} dx + C\right) \tag{24.13}$$

例として，次の微分方程式を解いてみよう．

$$y' + (2x+3)y = e^{-x^2} \tag{24.14}$$

$f(x) = 2x+3$，$g(x) = e^{-x^2}$ となっている場合である．

$$\int f(x)dx = \int (2x+3)dx = x^2 + 3x \tag{24.15}$$

$$\int g(x)e^{\int f(x)dx}dx = \int e^{-x^2}e^{x^2+3x}dx = \int e^{3x}dx = \frac{1}{3}e^{3x} \tag{24.16}$$

$$y = e^{-x^2-3x}\left(\frac{1}{3}e^{3x} + C\right) = \frac{1}{3}e^{-x^2} + Ce^{-x^2-3x} \tag{24.17}$$

これが求める解である．ここで，もし $x=0$ のときに $y=3$ となる解がほしければ，これらを代入し次のようになる．

$$3 = \frac{1}{3} \times 1 + C \times 1 \text{ より } C = \frac{8}{3} \tag{24.18}$$

$$y = \frac{1}{3}e^{-x^2} + \frac{8}{3}e^{-x^2-3x} \tag{24.19}$$

[例題 1]
次の微分方程式を解け．

$$\frac{dy}{dx} + \frac{1}{x}y = x^3 + x^2, \qquad \text{ただし } x > 0 \tag{24.20}$$

[解]

$$\int f(x)dx = \int \frac{dx}{x}dx = \log_e x \tag{24.21}$$

$$\int g(x)e^{\int f(x)dx}dx = \int x^3 + x^2 e^{\log_e x}dx = \frac{x^5}{5} + \frac{x^4}{4} + C \tag{24.22}$$

$$y = e^{-\log_e x}\left(\frac{x^5}{5} + \frac{x^4}{4} + C\right) = \frac{1}{x}\left(\frac{x^5}{5} + \frac{x^4}{4} + C\right) = \frac{x^4}{5} + \frac{x^3}{4} + \frac{C}{x} \tag{24.23}$$

これが求める解である．
もし，$x=1$ のとき $y=5$ となる解がほしければ，これらを代入し，

$$5 = \frac{1}{5} + \frac{1}{4} + C \quad \text{より} \quad C = \frac{191}{20} \tag{24.24}$$

$$y = \frac{x^4}{5} + \frac{x^3}{4} + \frac{91}{20x} \tag{24.25}$$

24.2　2 階定数係数の線形微分方程式

ここでは，次の形の方程式を解こう．

$$ay'' + by' + cy = 0 \quad \text{または} \quad a\frac{d^2y}{dx^2} + b\frac{dy}{dx} + cy = 0 \tag{24.26}$$

ただし，a, b, c は定数である．この微分方程式の解の様子が，実は，対応する次の 2 次方程

式の解の様子と関係している．
$$at^2 + bt + c = 0 \tag{24.27}$$

そこで，この 2 次方程式をもとの微分方程式の **特性方程式** という．

ところで，2 次方程式には，3 種類あった．

(1) $x^2 - 5x + 6 = 0$

この場合，$(x-2)(x-3) = 0$ と因数分解してみると，2 つの実数解 $x = 2, x = 3$ が求められる．

(2) $x^2 - 6x + 9 = 0$

この場合，$(x-3)^2 = 0$ と因数分解してみると，重解 $x = 3$ が求められる．

(3) $x^2 - 6x + 25 = 0$

この場合，解の公式で求める．2 次方程式

$$at^2 + bt + c = 0 \quad \text{の解の公式は} \quad t = \frac{-b \pm \sqrt{b^2 - 4ac}}{2a} \tag{24.28}$$

であった．これに当てはめて求める．

$$x = \frac{-(-6) \pm \sqrt{6^2 - 4 \times 1 \times 25}}{2 \times 1} = 3 \pm 4i \tag{24.29}$$

ここで，$i = \sqrt{-1}$ は虚数単位であり，$i^2 = -1$ である．

特性解の様子にしたがって微分方程式の解は次のようになる．

(1) 特性方程式が，2 つの実根を持つ場合．

$$y'' - 5y' + 6y = 0 \tag{24.30}$$

この場合，特性方程式の 2 つの実数解 $x = 2, x = 3$ を使って，2 つの解が求められる．

$$y = e^{2x}, \quad y = e^{3x} \tag{24.31}$$

これらが解になっていることは，代入してみればよい．$y = e^{2x}$ について確かめよう．$y' = 2e^{2x}, y'' = 4e^{2x}$ より，$y'' - 5y' + 6 = 4e^{2x} - 10e^{2x} + 6e^{2x} = 0$ となる．

これが偶然ではないことは，次のようにしてわかる．α が，$t^2 - 5t + 6 = 0$ の解であれば，$\alpha^2 - 5\alpha + 6 = 0$ が成り立つ．

$y = e^{\alpha x}$ と置くと，$y' = \alpha e^{\alpha x}$，$y'' = \alpha^2 e^{\alpha x}$ となり，これらを代入する．

$$y'' - 5y' + 6y = (\alpha^2 - 5\alpha + 6)e^{\alpha x} = 0 \tag{24.32}$$

ところで，e^{2x}, e^{3x} が解であると，それらを何倍かした関数も，それらを加えた関数も解になる．これは，微分方程式が，y'', y', y について 1 次式であることと，微分の演算が，線形性を持っていることによる．

そこで，2 つの任意の定数 C_1，C_2 に対して，

$$y = C_1 e^{2x} + C_2 e^{3x} \tag{24.33}$$

が解になる．2 回の微分でできている方程式は，解の表現が任意の定数を 2 つ持てば，それが

すべての解を表している．このような解を，**一般解** という．
一般に，微分方程式，

$$a\frac{d^2y}{dx^2} + b\frac{dy}{dx} + cy = 0 \tag{24.34}$$

の特性方程式が，2つの実数解 α, β を持つとき，一般解は，次のように表せる．

$$y = C_1 e^{\alpha x} + C_2 e^{\beta x} \tag{24.35}$$

(2) 特性方程式が，重解を持つとき．

$$y'' - 6y' + 9y = 0 \tag{24.36}$$

この場合，特性方程式の重解 $x = 3$ を使って，2つの解が得られる．

$$y = e^{3x}, \quad y = xe^{3x} \tag{24.37}$$

この場合も，(1) と同様に，解であることが確かめられる．
一般に，微分方程式

$$a\frac{d^2y}{dx^2} + b\frac{dy}{dx} + cy = 0 \tag{24.38}$$

の特性方程式が，重解 α を持つ場合，一般解は，次のように表せる．

$$y = C_1 e^{\alpha x} + C_2 x e^{\alpha x} \tag{24.39}$$

(3) 特性方程式が，虚数解を持つ場合．

$$y'' - 6y' + 25y = 0 \tag{24.40}$$

この場合，特性方程式の2つの虚根 $x = 3 \pm 4i$ を使って，2つの解が得られる．

$$y = e^{3x} \sin 4x, \quad y = e^{3x} \cos 4x \tag{24.41}$$

この場合も，代入してみれば，解であることが確かめられる．
一般に，微分方程式

$$a\frac{d^2y}{dx^2} + b\frac{dy}{dx} + cy = 0 \tag{24.42}$$

の特性方程式が，2つの虚数解 $\alpha \pm \beta i$ を持つ場合，一般解は，次のように表せる．

$$y = e^{\alpha x}(C_1 \sin \beta x + C_2 \cos \beta x) \tag{24.43}$$

第24章　演習問題

(1) 次の微分方程式について以下の問に答えよ．

$$y' + y = x^2$$

(a) 微分方程式の一般解を求めよ．

(b) $x=0$ のとき $y=1$ となる解を求めよ．

(2) 次の微分方程式について以下の問に答えよ．
$$y' + \frac{x+1}{x}y = \frac{e^x}{x}$$

(a) 微分方程式の一般解を求めよ．

(b) $x=1$ のとき $y=0$ となる解を求めよ．

(3) 次の微分方程式を解け．
$$y'' - 7y' + 12 = 0$$

(4) 次の微分方程式を解け．
$$y'' - 10y' + 25 = 0$$

(5) 次の微分方程式を解け．
$$y'' + 6y' + 25 = 0$$

参 考 文 献

微積分の本はたくさん出版されている．各自の目的に応じて選べばよいが初心者が選ぶのは難しいかも知れない．手軽で一般的な本としては次の本がよい．

[1] 遠山　啓　「微分と積分 (その思想と方法)」　日本評論社 (1970, 新版 2001)

理科系の人できちんとした証明が知りたい人はたとえば次の本がよいだろうが全部勉強するのは大変である．

[2] 一松　信　「解析学序説 (上・下)」　裳華房 (1962, 1963)

文科系の人にわかりやすく書いた本として次の拙著をあげておく．

[3] 小林道正　「大学基礎数学 線形代数と微積分」　中央大学生協出版局 (1977)

本書と同様に Mathematica の入力が付いた文庫本として次の拙著がある．

[4] 小林道正　「文科系に生かす微積分」　講談社ブルーバックス (1994)

高校の範囲の数学から勉強したい人は Mathematica を使いながら学べる次の本をあげておく．

[5] 植野義明・及川久遠・時田　節　「Mathematica で見える高校数学」　ブレーン出版 (1995)

[6] 小林道正　「Mathematica 数学への再出発 (1)」　三省堂 (1995)

Mathematica 自体の扱いについては説明書も兼ねている次の本が必要である．

[7] S. ウルフラム著, 白水重明訳　「Mathematica (日本語版)」　アジソン・ウエスレイ・パブリッシャーズ・ジャパン (1992)

上記の本は厚いのでもっと手軽に使ってみたいという人は次の本がよい．

[8] T. グレイ, J. グリン著, 榊原　進訳　「Mathematica ビギナーズガイド」　トッパン (1992)

[9] 小林道正　「はじめての Mathematica」　ビー・エヌ・エヌ (1995)

Mathematica を数学のいろいろな分野の学習に活用するための本も出版されている．本書と同じ微積分の分野では次の本がある．

[10] D.C.M. バーバラ, C.T.J. ドットソン著, 小林英恒訳　「Mathematica 微積分入門」　トッパン (1993)

[11] S. ワゴン, E. パッケル著, 安田　亭訳　「Mathematica アニメで微積分」　トッパン (1995)

確率統計や線形代数に活用した本としては次の拙著がある．

[12] 小林道正　「Mathematica 確率・統計入門」　トッパン (1994)

[13] 小林道正　「Mathematica による線形代数」　朝倉書店 (1996)

英語の本としては次の本がよい．アメリカの大学でよく使われている．

[14] C.H.Edwards, Jr., David E.Penny, "Calculus and Analytic *Geometry*", Prentice-Hall (1982).

[15] Carl P, Simon, Lawrence Blume "Mathematics for Economists", Norton (1994).

[16] K.D.Stroyan "Calculus Using *Mathematica*", Academic Press (1994).

[17] Andreu Mas-Colell, Michael D. Whinston, Jerry R. Green, "Microeconomic Theory", Oxford University Press (1995).

索　引

■ 欧文

cos　42
cosec　42
cot　42
csc　42
e　30
GDP　2
ln　34
log　34
sec　42
sin　42
tan　42

■ ア行

アキレスと亀　10
鞍点　106

一様変化　6
陰関数　66

オイラーの公式　50
凹曲線　26
大きさ　2

■ カ行

外延量　3
解曲線　113
かけざん　4
割線　24
関数の近似　95
関数の商　17
　　——の導関数　17
関数の積　16
　　——の導関数　16
関数の和　13
　　——の導関数　13
関数方程式　112
間接比較　5
完全微分方程式　118

逆関数　34
逆関数の導関数の法則　36
逆三角関数　49
　　——の導関数　49

逆数関数　17
　　——の導関数　17
逆微分作用素　76
級数　91
極小　21, 103
極小値　21
曲線の接線　24
極大　103
極値　103
虚数単位　50

限界効用　14

合成関数　18
　　——の導関数　18
国内総生産　2
コサイン　42
コセカント　42
コタンジェント　42
弧度法　40
個別単位　5

■ サ行

最小値　22
最大値　22
サイン　42
三角関数　40
　　——の近似　96
　　——の導関数　44

指数関数　28, 50
　　——の導関数　28
指数法則　28
自然数　4
自然対数の底　28, 30
四則演算　4
周期　48
重積分　86
収束する　92
収束半径　93
瞬間速度　7, 8, 14
諸科学の対象　1
初期条件　114
初項　91
振動数　48
振幅　48

数学の対象　1
数値化　5

斉次方程式　123
正比例関数　6
セカント　42
積分定数　75
接線　24
　　——の傾き　25
接平面　58
線形　123
線形性　13
線形微分方程式　124
全微分　59
全微分可能　56

増減表　20

■ タ行

対数関数　34
　　——の導関数　36
対数の真数　34
対数の底　34
対数微分法　37, 38
足し算　4
多変数関数　52
　　——の近似　99
ダランベールの定理　93
単位　5
タンジェント　42

値域　22
置換積分　81
直接比較　5

定積分　69, 71
テイラー展開　98

導関数　9
　　e^x の——　30
　　関数の商の——　17
　　関数の積の——　16
　　関数の和の——　13
　　逆三角関数の——　49
　　逆数関数の——　17
　　合成関数の——　18
　　三角関数の——　44

指数関数の—— 28
　　対数関数の—— 36
　　——の意味 14
動径 42
同次方程式 123
等比級数 91
凸曲線 26

■ ナ行

内包量 3

2階の導関数 26

ネピアの数 30

■ ハ行

発散する 92

引き算 4
微分 59
微分係数 6
微分作用素 76

複素数 50
不定積分 74, 75
部分積分 84
普遍単位 5
ブラックボックス 52
分離量 3

平均速度 16
平均変化率 7, 16
平面 58
ベクトル場 112
変化 69
変化率 6
変化量 69
変曲点 26
変数分離形 114
偏導関数 54
偏微分 54
偏微分可能 54

■ マ行

マクローリンの展開 98

未知関数 112

無限級数 91
無限等比級数 91

■ ヤ行

ヤングの定理 56

陽関数 66

■ ラ行

ラグランジュの乗数 109
ラジアン 40

離散量 3
量 2

累次積分 88

連続量 3

■ ワ行

割り算 4

memo

著者略歴

小林 道正（こばやし みちまさ）

1942年　長野県に生まれる
1966年　京都大学理学部数学科卒業
1968年　東京教育大学大学院修士課程修了
現　在　中央大学経済学部教授
　　　　数学教育協議会委員長

〈主な著書〉

『Mathematica による微積分』朝倉書店, 1995.
『Mathematica による線形代数』朝倉書店, 1996.
『Mathematica によるミクロ経済学』東洋経済新報社, 1996.
『Mathematica による関数グラフィックス』森北出版, 1997.
『「数学的発想」勉強法』実業之日本社, 1997.
『Mathematica 微分方程式』朝倉書店, 1998.
『数学ぎらいに効くクスリ』数研出版, 2000.
『Mathematica 確率』朝倉書店, 2000.
『グラフィカル数学ハンドブック I』朝倉書店, 2000.
『3日でわかる確率・統計』ダイヤモンド社, 2002.
『ブラックショールズと確率微分方程式』朝倉書店, 2003.
『よくわかる微分積分の基本と仕組み』秀和システム, 2005.
『よくわかる線形代数の基本と仕組み』秀和システム, 2005.
『カンタンにできる数学脳トレ！』実業之日本社, 2007.
『知識ゼロからの微分積分入門』幻冬舎, 2011.

基礎からわかる数学 1
はじめての微分積分
定価はカバーに表示

2012年 2月25日　初版第1刷

著　者　小　林　道　正
発行者　朝　倉　邦　造
発行所　株式会社　朝倉書店

東京都新宿区新小川町 6-29
郵便番号　162-8707
電　話　03 (3260) 0141
Ｆ Ａ Ｘ　03 (3260) 0180
http://www.asakura.co.jp

〈検印省略〉

© 2012 〈無断複写・転載を禁ず〉　　　中央印刷・渡辺製本
ISBN 978-4-254-11547-5　C 3341　　Printed in Japan

JCOPY　〈(社)出版者著作権管理機構 委託出版物〉

本書の無断複写は著作権法上での例外を除き禁じられています．複写される場合は，そのつど事前に，(社) 出版者著作権管理機構（電話 03-3513-6969, FAX 03-3513-6979, e-mail: info@jcopy.or.jp）の許諾を得てください．

著者	書名	書誌	内容
中大 小林道正 著	**Mathematicaによる 微 積 分**	11069-2 C3041　B 5 判 216頁 本体3000円	証明の詳細よりも、概念の説明とMathematicaの活用方法に重点を置いた。理工系のみならず文系にも好適。〔内容〕関数とそのグラフ／微分の基礎概念／整関数の導関数／極大・極小／接線と曲線の凹凸／指数関数とその導関数／他
中大 小林道正 著	**Mathematicaによる 線 形 代 数**	11070-8 C3041　B 5 判 216頁 本体3300円	線形代数におけるMathematicaの活用方法を、理工系の人にも十分役立つと同時に文科系の人にもわかりやすいよう工夫して解説。〔内容〕ベクトル／ベクトルの内積／ベクトルと図形／行列とその演算／線形変換／交代積と行列式／逆行列／他
中大 小林道正・東大 小林 研 著	**LATEX で 数 学 を** —LATEX2ε＋AMS-LATEX入門—	11075-3 C3041　A 5 判 256頁 本体3700円	LATEX2εを使って数学の文書を作成するための具体例豊富で実用的なわかりやすい入門書。〔内容〕文書の書き方／環境／数式記号／数式の書き方／フォント／AMSの環境／図版の取り入れ方／表の作り方／適用例／英文論文例／マクロ命令
中大 小林道正 著　Mathematica 数学 1	**Mathematica 微 分 方 程 式**	11521-5 C3341　A 5 判 256頁 本体4300円	数学ソフトMathematicaにより、グラフ・アニメーション・数値解等を駆使し、微分方程式の意味を明快に解説〔内容〕1階・2階の常微分方程式／連立／級数解／波動方程式／熱伝導方程式／ラプラス方程式／ポアソン方程式／KdV方程式／他
中大 小林道正 著　Mathematica 数学 2	**Mathematica 確　　　率** —基礎から確率微分方程式まで—	11522-2 C3341　A 5 判 256頁 本体3800円	さまざまな偶然的・確率的現象に関する理論を、実際に試行を繰り返すことによって理解を図る。〔内容〕偶然現象／確率空間／ベイズの定理／確率変数／ポアソン分布／中心極限定理／確率過程／マルコフ連鎖／伊藤の公式／確率微分方程式／他
中大 小林道正 著　ファイナンス数学基礎講座 1	**ファイナンス数学の基礎**	29521-4 C3350　A 5 判 176頁 本体2900円	ファイナンスの実際問題から題材を選び、難しそうに見える概念を図やグラフを多用し、初心者にわかるように解説。〔内容〕金利と将来価値／複数のキャッシュフローの将来価値・現在価値／複利計算の応用／収益率の数学／株価指標の数学
中大 小林道正 著　ファイナンス数学基礎講座 5	**デリバティブと確率** —2項モデルからブラック・ショールズへ—	29525-2 C3350　A 5 判 168頁 本体2900円	オプションの概念と数理を理解するのによい教材である2項モデルを使い、その数学的なしくみを平易に解説。〔内容〕1期間モデルによるオプションの価格／多期間2項モデル／多期間2項モデルからブラック・ショールズ式へ／数学のまとめ
中大 小林道正 著　ファイナンス数学基礎講座 6	**ブラック・ショールズと確率微分方程式**	29526-9 C3350　A 5 判 192頁 本体2900円	株価のように一見でたらめな振る舞いをする現象の動きを捉え、価値を測る確率微分方程式を解説〔内容〕株価の変動とブラウン運動／ランダム・ウォーク／確率積分／伊藤の公式／確率微分方程式／オプションとブラック・ショールズモデル／他
数学・基礎教育研究会 編著	**微 分 積 分 学 20 講**	11095-1 C3041　A 5 判 160頁 本体2700円	高校数学とのつながりにも配慮しながら、やさしく、わかりやすく解説した大学理工系初年級学生のための教科書。1節1回の講義で1年間で終了できるように構成し、各節、各章ごとに演習問題を掲載した。〔内容〕微分／積分／偏微分／重積分
前東工大 志賀浩二 著　数学30講シリーズ 1	**微 分 ・ 積 分 30 講**	11476-8 C3341　A 5 判 208頁 本体3400円	〔内容〕数直線／関数とグラフ／有理関数と簡単な無理関数の微分／三角関数／指数関数／対数関数／合成関数の微分と逆関数の微分／不定積分／定積分／円の面積と球の体積／極限について／平均値の定理／テイラー展開／ウォリスの公式／他
中大 小林道正 著	**グラフィカル 数学ハンドブックI（普及版）** —基礎・解析・確率編—〔CD-ROM付〕	11114-9 C3041　A 5 判 600頁 本体12000円	コンピュータを活用して、数学のすべてを実体験しながら理解できる新時代のハンドブック。面倒な計算や、グラフ・図の作成も付録のCD-ROMで簡単にできる。I巻では基礎，解析，確率を解説〔内容〕数と式／関数とグラフ（整・分数・無理・三角・指数・対数関数）／行列と1次変換（ベクトル／行列／行列式／方程式／逆行列／基底／階数／固有値／2次形式）／1変数の微積分（数列／無限級数／導関数／微分／積分）／多変数の微積分／微分方程式／ベクトル解析／他

上記価格（税別）は 2012 年 1 月現在